획득전략

이론과 실제

획득전략 －이론과 실제　　　값 12,000원

2006년 2월　5일 초판인쇄
2006년 2월 10일 초판발행

지은이　김종하
펴낸이　이찬규
펴낸곳　북코리아
등록번호　제03-01240호
　　주소　121-802 서울시 마포구 공덕2동 173-51
　　전화　02-704-7840
　　팩스　02-704-7848
　이메일　sunhaksa@korea.com
홈페이지　www.ibookorea.com

　ISBN　89-89316-67-7 93390

획득전략
Acquisition Strategy
이론과 실제

김종하 지음

북코리아

[서 문]

전쟁에 대비한 군사력 건설은 통상적으로 어떤 전략·전술적 환경에서, 왜 그리고 어떤 군사력이 필요한가를 생각하고(thinking), 이어 준비하는(preparing) 2단계 과정을 통해 이루어진다. 그 핵심은 군사전략 목표—단기적 위협의 억제와 장기적 전투의 효과성을 보장—를 달성하는 데 있다.

생각단계

생각단계(thinking stage)는 우선 전쟁양상, 더 좁게는 전투양상이 어떻게 될 것인지를 연구하고(양상연구), 그것에 필요한 하드(무기체계 및 장비)와 소프트(전투방법)를 개발·획득하는 과정이다. 이 과정에서는 항상 "하드가 먼저냐, 소프트가 먼저냐"라는 문제가 발생하게 된다. 물론 어느 쪽이 우선이라고 단언적으로 말하기는 어렵다. 왜냐하면 무기체계의 기술개발이 전투방법을, 그리고 전투방법이 무기체계의 기술개발을 이끌 수 있기 때문이다.

그러나 어떤 형태이든지 간에, 한 가지 분명한 것은 하드(무기체계)만으로는 싸울 수가 없다는 사실이다. 사용할 수 있는 무기체계를 항상 생각하면서 전투방법을 만들어 내야만 하는 것이다. 즉 기술가능성과 운용필요성의 중간을 왕래하면서 전력(戰力)을 끊임없이 정비해 나가는 것이다. 여기에서 전투방법은 적합한 부대편성방법을 생각하고(편성개발), 어떤 훈련을 해야 할지를 생각하고(훈련개발), 이들을 종합하여 다가오는 전쟁에서 가장 적합한 전투요령을 생각하고(전투개발), 작전을 하는 경우에는 기본으로 해야 할 전투방법, 즉 작전교리를 생각하는 것(교리개발)을 의미한다.

준비단계

준비단계(preparing stage)는 싸우는 상대인 적(敵)과, 장소인 전장(戰場), 조건인 제약(制約)이 보이면, 실제로 작전계획(作戰計劃)을 세우고, 작전수행을 위해 특히 강화해야 할 훈련을 시행하고, 부대를 이동·배치시키고, 필요한 물자를 전송, 집적하는 병참준비를 하고, 결전의 순간인 때(정치적 결단)을 기다리는 과정이다.

이러한 전쟁에 대비한 군사력 건설의 2단계 가운데 가장 중요한 것이 바로 '생각단계'라 할 수 있다. 왜냐하면 그 결과에 따라 실제 전쟁에서의 승패가 결정되어버리는 경우가 많기 때문이다. 따라서 생각단계를 발전시키는 것은 전쟁승리의 요체인 것이다.

이러한 생각단계는 전문군사교육(Professional Military Education: PME) 및 군사훈련(Military Training: MT)을 통해 발전시킬 수 있다. 대부분의 사람은 전문군사교육과 군사훈련의 가치, 그리고 그것의 중요성을 적극 공감하고 있다. 왜냐하면 군에서 가장 중요한 요소가 바로 제복을 입은 군인, 즉 전사들(warriors)이기 때문이다.

전사는 전쟁에서 싸워야 한다. 기술은 싸우기 위한 도구를 제공한다. 그리고 훈련은 전사들이 최대한으로 도구를 이용하는 것을 가능하게 한다. 전문군사교육의 목적은 전투방정식(combat equation)에서 가장 강력한 요인, 즉 인간정신(human mind)을 최대한으로 이용할 수 있도록 만들어 주는 데 있다.

군사훈련은 점차적으로 정보통신기술, 그리고 시뮬레이션(simulation)기술을 적극적으로 이용하는 방향으로 나아가고 있다. 이로 인해 군사훈련은 도전적 · 경험적이고, 때로는 재미있고 흥미있는 것으로 변해 가고 있다. 하지만 전문군사교육은 날이 갈수록 급속도로 발전해 가고 있는 군사훈련의 내용을 따라가지 못하고 있다. 이런 점에서 전문군사교육이 전사들을 현재보다 더 나은 지적 수준을 갖추도록 준비시키지 않으면, 최고수준의 군사훈련조차도 낭비될 가능성이 높은 것이다.

군사훈련과 전문군사교육은 전장에서 승리하는 데 핵심요소이다. 군사훈련은 업무를 수행하는 데 요구되는 기계, 또는 도구의 사용능력을 발전시키는 것이다. 그것은 일반적으로 잘 알려진 것, 그리고 기계적·전자적·예언적으로 작동하는 방법을 가르치는 것이다. 반면에 전문군사교육은 올바른 도구를 이용할 수 있고, 바람직한 결과를 달성하는 데 필요한 지적 구성(intellectual constructs) 및 적절한 원칙을 가르치는 데 목표를 두고 있다. 그것은 우리가 알지 못하는 무언가를 배우는 것이며, 생존 · 성공하기 위해 우리가 반드시 알아야 하는 것을 생각하고 그려 보는 것이다.

훈련이 궁수에게 어떻게 활과 화살을 사용하는가를 가르치는 것이라면(과녁 한복판에 어떻게 화살을 정조준하는가), 교육은 궁수가 활쏘기(궁수)를 넘는 진보로서 화약의 가치를 볼 수 있도록 가르치는 것이다. 간단히 말해 훈련은 현존하고 이해되는 환경 속에서의 능력을 발전시키는 것이라면, 교육은 완전히 이해되지 않는 다른 환경에서의 능력을 발전시키는 것이라 할 수 있는 것이다.

국방부, 합참, 각군에서 소요제기 및 결정을 담당하는 제복을 입은 군인들이 요구(need)와 소요(requirement)에 관련된 전문교육(예: 소요문서 작성)을 받아야 한다면, 방위사업청 내에서 획득업무를 담당하는 군인 및 민간인력들은 획득사업관리(Acquisition Program Management: APM)에 관련된 전문교육(예: 획득전략서 작성)을 받아야만 한다. 그렇게 해야 군사력 건설에서 가장 중요한 대단히 창의적·도전적인 사고를 요하는 '생각단계'를 발전시키는 것이 가능해진다.

만약 이 분야의 전문군사교육을 받지 못한 비전문인력들에게 업무를 맡길 경우, 어떤 문제가 발생하게 될 것인가? 아마도 비전문인력들은 '경험법칙'(rules of thumb)에 의거하여 업무를 수행할 수밖에 없을 것이고, 이는 무기체계의 성능결함, 비용초과, 도입지연 등과 같은 문제를 계속 발생시키는 주된 요인으로 작용하게 될 것이다. 그리고 이것은 궁극적으로 군사력 건설의 핵심인 생각단계의 총체적인 부실을 초래하게 될 것이며, 연이은 준비단계에도 악영향을 끼치는 심각한 문제를 발생시키게 될 것이다.

그러나 전문군사교육의 이런 중요성에도 불구하고, 우리나라의 경우 소요 및 획득사업관리에 관련된 인력들에 대한 전문군사교육이 제대로 이뤄지지 않고 있다. 국방대학교에서 시행하는 7주과정이 고작이다. 하지만 이는 전문군사교육이라고 보기 어렵다. 오히려 직무수행에 필요한 '실무훈련'(on-the-job training) 정도로 보는 것이 타당할 것이다.

2006년 1월 1일, 방위사업청이 신설되면, 각군의 소요제기, 합참의 소요결정이라는 등식에서 벗어나, 합동성(jointness)에 토대를 둔 소요창출(requirement generation)방식으로 완전히 바뀌게 된다. 합동성에 토대를 둔 소요창출방식은 군별 소요기획과는 차원이 완전히 다른, 합동능력

통합 및 개발체계(Joint Capabilities Integration and Development System: JCIDS)를 강조하는 고차원의 소요기획을 필요로 한다. 따라서 이에 부합하는 소요문서(requirment documents)의 개발작업과 더불어, 교육도 해야 하는 것이다.

그리고 획득사업 관리의 효율성과 책임성 강화를 위해, 사업시작 단계부터 종료시까지 계획수립, 예산편성, 품질보증, 기술관리 등 기능별로 전문인력을 통합·구성(통합생산팀, Integrated Product Teams: IPTs)하여, 당해 사업의 모든 과정을 사업관리자(Project Manager), 또는 프로그램 관리자(Program Manager)중심의 관리체계로 바뀌게 된다. 프로그램 관리자, 또는 사업관리자는 통합생산팀의 지원으로 획득전략서(Acquisition Strategy Document)를 개발하고, 문서화하고, 획득 프로그램을 총체적으로 관리하는 책임을 가진 전문인력이다.

획득전략은 획득전략, 사업관리, 시스템공학, 군수지원 및 생산이후지원계획, 프로그램 보호, 훈련개발, 기술평가 및 통제, 위험관리, 컴퓨터/소프트웨어 개발과 개발이후 소프트웨어지원, 인적 시스템통합, 야전배치, 제조, 통합시험 및 평가, 통계학분야의 전문가들이 IPTs라는 이름하에 함께 모여, 머리를 맞대고 작성하는 고차원의 전략문서이다. 그것은 획득 프로그램의 성공을 위해 필수적인 연구, 개발, 시험, 생산, 야전배치, 수정, 생산이후 관리 및 다른 여러 활동을 위한 총체적인 일정을 제공하는, 한 마디로 기능적 계획을 수립하기 위한 기초로 작용하는 대단히 중요한 문서이다.

바로 이런 중요성에도 불구하고, 아직까지 합동능력 통합 및 개발체계에 관련된 소요 및 획득전략문서의 개발에 노력을 기울이지 않고 있으며, 또한 획득인력에 대한 전문교육을 어떻게 체계적·단계적으로 수행할 것인지도 주의를 기울이지 않고 있다. 방위사업청이라는 하드웨어만 생각할 뿐, 그것을 실질적으로 움직이는 대단히 중요한 소프트웨어 가운데 하나인 획득인력들의 교육은 전혀 생각지 않고 있다. 이는 단적으로 말해 군사력 건설에서 핵심이라 할 수 있는 생각단계를 소홀히 하고 있는 것이나 다름이 없는 것이다.

현재 광범위하게 받아들여지고 있는 좋은 사업관리 기법이나 원칙들은 단지 상황적으로만 적절한 것이다. 변화하는 획득환경에서 현재의 '모범사례'(best practice)가 내일의 문제해결에 그대로 적용되리라는 보장은 없다. 이 때문에 소요창출, 생산, 계약, 종합군수지원, 소프트웨어, 사업 및 기술관리, 운영유지, 각종 법규 및 규정, 체계관리 등에 관련된 새로운 교육 프로그램이 지속적이고 반복적으로 획득인력에게 제공되어야 한다. 이렇게 해야 획득인력이 지식과 경험을 결합해 혁신으로 연결시키는 방법을 계속 발전시킬 수 있게 되고, 이를 통해 올바른 정책판단과 합리적인 사업관리를 수행할 수 있게 되는 것이다.

사실 어떤 획득 프로그램의 성공과 실패는 명확한 목표(요구 및 소요), 그러한 목표를 달성하기 위해 준비된 명확한 계획(획득전략), 그리고 계획을 행동으로 옮기는 데 필요한 재원(돈)에 전적으로 달려 있다. 이 세 요소 가운데 어느 하나라도 삐걱거리게 될 경우, 획득 프로그램은 실패할 가능성이 높아지게 된다.

이 때문에 소요 및 획득전략문서들을 개발하고, 끊임없이 더 나은 문서로 갱신하는 노력, 그리고 획득관련 인력이 전문교육을 체계적·지속적으로 받을 수 있도록 모든 노력을 다 기울여 나가야 하는 것이다. 이는 우리 획득인력이 끊임없이 변화하는 다양한 환경적 제약 하에서 획득 프로그램을 성공적으로 이끄는 데 필수적인 요소이다.

프로그램 관리자가 획득전략 없이 획득 프로그램을 관리해 나갈 경우, 마치 짙은 안개 속을 운전해 가는 것, 또는 칠흑 같은 어둠 속을 비틀거리며 걷는 것과 같은 느낌을 갖게 될 것이다. 그러나 획득전략을 가질 경우에는 짙은 안개 속에서, 또는 칠흑 같은 어둠 속에서도 희미하기는 하지만 어느 정도 주변의 물체를 식별할 수 있는 눈(이론적 지식)을 가질 수 있게 될 것이다.

이러한 점을 염두에 두고, 이 책은 세 부류의 독자를 위해 집필되었다.

첫째, 실무수준의 프로그램 관리자, 특히 획득업무를 처음으로 접하는 인력이다. 획득 프로그램이 어떤 과정과 절차를 거쳐 합리적으로 관리되는지를 전반적으로 이해하는 것은 효과적인 프로그램 관리자(또는 사업관리자)가 될 수 있게 한다. 이 책의 내용을 철저하게 숙지하면, 대내외의 환경적 영향으로부터 자신이 담당하고 있는 획득 프로그램을 잘 방어하여, 성공적으로 이끌어 나갈 수 있는 힘이 생겨나게 될 것이다.

둘째, 소요당국(requirement community)이다. 소요업무에 종사하는 대부분의 인력은 제복을 입은 군인이다. 이 가운데 일부는 획득분야의 정보와 지식을 가지고 있겠지만, 아마 대부분은 획득분야를 처음 접하는 경우가 많을 것이다. 소요제기·결정된 무기체계 및 장비를 어떤 방법과 절차를 통해 비용—효과적으로 획득하는지를 이해하는 것은 소요군의 서비스 제공자로서의 획득인력이 무엇을 하고 있는지를 파악하는 데 도움이 될 것이다.

셋째, 국방부 내 고위 정책결정자 및 국회 국방위원회 의원들이다. 획득정책의 수립과 집행에 도움이 될 수 있는 어떤 원칙, 또는 철학적 방향을 마련하는 데 도움을 줄 것이다. 특히 획득 프로그램의 세밀한 감시를 위해 필요한 개념적·분석적 틀을 제공해 줄 것이다.

그리고 마지막으로 한 가지 강조하고 싶은 것은 이 책은 단지 획득전략을 작성하는 데 있어 참고용 서적일 뿐이지, 지침서는 아니라는 사실이다. 획득전략의 작성을 규정하는 어떤 정형화된 틀은 없다. 따라서 이 책에서 제시하는 방법론을 참조하면서, 더 많은 자료수집을 통해 어떤 독창적·창의적인 획득전략을 마련하도록 노력해야 할 것이다. 아무쪼록 이 책이 획득분야를 처음으로 접하는 사람, 그리고 이 분야에 오랜 실무경험을 가지고 있으면서도 개념적(이론적) 지식이 부족한 획득인력에게 조금이라도 도움이 될 수 있기를 진심으로 바란다.

2005년 12월 10일

김 종 하

[차 례]

제4장 획득전략의 실행 ··· 107

   1. 실 행 ··· 107

   2. 실행과정과 하향흐름 ··· 109

   3. 기존 획득전략으로부터의 변경 ·· 110

제1장

획득전략

1. 획득전략의 개념

획득전략(Acquisition Strategy: AS)이란 명시적인 자원제약 내에서 획득 프로그램(AP)의 목표를 달성하기 위해 고안된 고차원의 사업적·기술적 관리를 위한 접근이다. 또 획득 프로그램을 기획하고, 방향을 정하고, 계약을 하고, 관리하기 위한 틀(framework)이다. 그것은 획득 프로그램의 성공을 위해 필수적인 연구, 개발, 시험, 생산, 야전배치, 수정, 생산 이후 관리 및 다른 여러 활동을 위한 총체적인 일정을 제공함으로써, 기능적 계획 및 전략을 수립하기 위한 기초로 작용한다.1)

---

1) 획득(acquisition)은 무기체계의 설계(design), 개발(development), 시험(test), 계약(contracting), 생산(production), 배치(deployment), 군수지원(logistics support), 개량(modification), 그리고 폐기처분(disposal)까지 포괄하는 개념이다(방위사업법에서는 "군수품을 구매, 또는 연구개발, 생산하여 조달하는 것"으로 좁게 정의하고 있다)

　• 획득 프로그램(Acquisition Program: AP)은 소요군의 작전적 요구에 대응하여 어떤 새롭고, 혹은 개선된 무기체계(WS) 및 정보기술체계(ITS) 능력을 제공하기 위해 설계된 직접적이고 자금이 들어가는 활동을 의미한다.

프로그램 관리자(Program Manager: PM), 또는 사업관리자(Project Manager)는 통합생산팀(IPTs)2)의 지원으로 무기체계 및 장비획득 프로그램을 관리·책임지는 전문인력(군인 및 민간관료)이다.3) 획득 프로그램의 관리는 대단히 힘들고 어려운 업무이다. 프로그램 관리자는 프로그램을 기획하고, 팀을 구성하고, 결과를 관리하는 데 주된 역할을 수행한다4)([도표 1-1]참조). 특히 프로그램 관리자는 획득전략을 개발하고 문서화하는 주된 책임을 지고 있다. 획득전략 개발의 주된 목표는 소요군(육·해·공군)에 의해 식별·제기되는 무기체계 및 장비에 대한 요구(need)를 일정과 비용을 최대한으로 단축시켜 획득하는 데 있다. 즉 비용손실을 가져오지

- 무기체계(weapon system: WS)란 전투임무의 수행을 위해 군이 직접적으로 사용할 수 있는 일반적인 품목(item)을 지칭하는 개념이다(방위사업법에서는 무기체계를 "유도무기·전투기·함정 등 전투력 증강을 위한 무기와 이를 운영하는 데 필요한 장비·부품·시설·소프트웨어 등 제반요소를 포함한 것으로서 대통령으로 정하는 것"으로 규정하고 있다).
- 정보기술체계(Information Technology System: ITS)는 국가안보체계(National Security System: NSS)와 자동화정보체계(Automated Information System: AIS) 모두를 포함하는 개념이다. 국가안보체계는 정보, 암호작성 활동, 그리고 군의 지휘 및 통제를 위해 사용하며, 자동화정보체계는 일반적으로 봉급지급 명부 및 회계기능과 같은 일상적인 행정 및 비즈니스(business) 업무처리와 관련된다.

2) 통합생산팀(Integrated Product Teams: IPTs)은 성공적인 획득 프로그램을 만들기 위해 함께 일하는 적절한 기능적 분야의 대표로 구성된 팀이다. 이들은 획득 프로그램 진행에서 발생하는 다양한 이슈들(issues)를 함께 찾아내어 해결하고, 또한 의사결정에 도움이 되는 합리적인 아이디어 제시를 통해 획득 프로그램을 성공적으로 이끄는 데 핵심적인 역할을 수행하는 전문인력이다.

3) 사업관리의 최종목적은 효율적으로 조직의 자원을 활용하여 사업의 목표를 충족하는 것이다. 사업관리자는 특정사업의 이행(납품) 및 품질에 대하여 책임을 지는 사람으로서 사업의 계획, 통제 및 집행을 담당한다. 사업관리자의 임무는 사업을 관리하고 예측하는 것이지 직접 일을 하는 것이 아니라는 것을 명심해야 한다. 이주형·김성배, 「국방연구개발사업의 사업관리기법 연구」(서울: 국방연구원, 2005), p. 8.

4) Owen C. Gadeken, "The Ideal Program Manager: A View From the Trenches," *Defense AT & L* (May-June 2004), Vol. XXXIII, No. 3, p. 14.

〔표 1-1〕 무기체계 획득관리

무기체계	획 득	관 리
하드웨어	설계 및 개발체계	계획
소프트웨어	시험	조직
군수지원	생산	인력충원
– 메뉴얼	배치	통제
– 시설	지원	지도
– 인력	성능개량, 혹은 대체	
– 훈련	폐기처분	
– 여분		

출처: Defense Acquisition University Press, *Introduction to Defense Acquisition Management, Fifth Edition* (Fort Belvoir: DAU Press, 2001), p. 2.

않고, 프로그램 획득기한(일정)을 지키는 데 가장 필요한 수단으로 획득전략을 개발하는 것이다.

　획득전략은 익히 알려진 제약 내에서 프로그램 목표달성을 위한 조직화되고 지속적인 접근을 제공하기 위해 하나의 독립된 문서로서, 일반적으로 획득주기(ALC, 〔그림 1-1〕 참조)의 프로그램 개념탐색(CE) 단계(phases)에

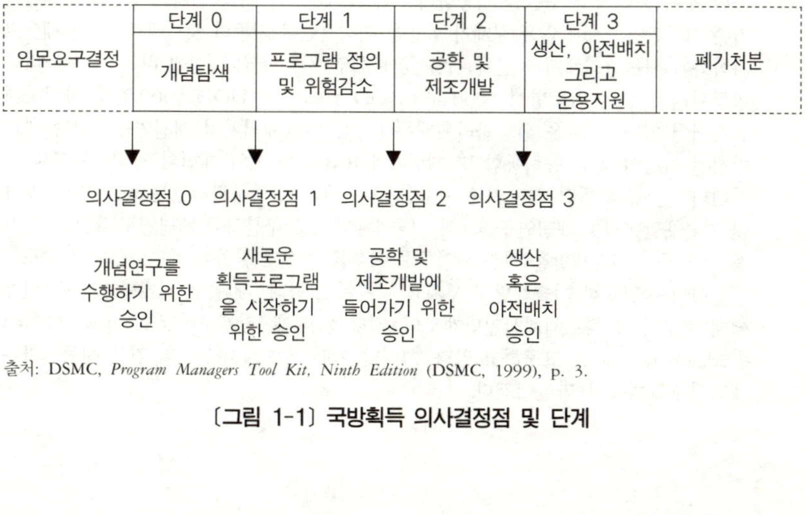

임무요구결정	단계 0	단계 1	단계 2	단계 3	폐기처분
	개념탐색	프로그램 정의 및 위험감소	공학 및 제조개발	생산, 야전배치 그리고 운용지원	

의사결정점 0　　의사결정점 1　　의사결정점 2　　의사결정점 3

개념연구를 수행하기 위한 승인　　새로운 획득프로그램을 시작하기 위한 승인　　공학 및 제조개발에 들어가기 위한 승인　　생산 혹은 야전배치 승인

출처: DSMC, *Program Managers Tool Kit, Ninth Edition* (DSMC, 1999), p. 3.

〔그림 1-1〕 국방획득 의사결정점 및 단계

서 만들어진다.[5]

획득전략은 프로그램 목표나 환경적 제약요인에 맞춰 잘 다듬어 현실성(realism)이 높아야 하고, 프로그램이 진화함에 따라 혁신과 갱신을 허용할 수 있을 만큼 충분한 유연성(flexibility)이 있어야 하고, 기술, 일정, 비용상의 위험을 최소화해서 프로그램의 안정성(stability)을 달성할 수 있도록 설계되어야 한다. 그래야 좋은 획득전략으로 평가받을 수 있다.

이것은 달리 표현하면 현실성(realism), 안정성(stability), 균형성

---

5) 획득주기(Acquisition Life Cycle: ALC): 어떤 획득 프로그램의 수명은 단계(phase)로 구성된다. 의사결정당국(MDA)의 각 단계의 의사결정점(milestone, 또는 decision point)하에서의 승인에 따라, 개념탐색(Concept Exploration: CE) (phase 0), 프로그램 정의 및 위험감소(Program Definition and Risk Reduction: PDRR)(phase I), 공학 및 제조개발(Engineering and Manufacturing Development: EMD)(phase II), 그리고 생산, 야전배치 및 작전지원(Production, Fielding/Deployment and Operational Support: PF/DOS)(phase III)으로 단계적으로 진행된다. 비록 공식적인 단계로 간주되지는 않지만, 임무요구결정(Determination of Mission Need)은 개념탐색 이전에 이루어지며, 폐기처분(disposal)은 맨 나중에 이루어진다.
 - 단계(phase)는 넓게 진술된 임무요구를 잘 규정된 체계-구체적인(system- specific) 소요로, 그리고 작전적으로 효과적이고, 적합하고 생존력이 있는 체계로 점차적으로 바꿔 주는 논리적인 수단을 제공한다. 참고로 2002년 미국의 럼즈펠드 국방장관은 기존 획득관리체계에 많은 문제가 있음을 지적하면서 기존의 것보다 훨씬 더 새롭고 과학화된 획득관리체계를 만들 것을 군에 직접 지시하였다. 이에 따라 새롭게 바뀐 획득관리 절차는 미국방성 5000계열(DOD 5000.1과 DOD 5000.2)에 자세하게 규정되어 있다. 새로운 획득관리체계는 〔그림 1-2〕에서처럼 개념연구단계는 새로 변경된 합참의 합동 능력통합 및 개발체계(JCIDS)를 거쳐 개념이 결정됨으로써 시작된다. 둘째, 획득단계를 기존 4단계에서 5단계로 세분화하였는데, 기존의 개념 및 기술개발단계를 개념연구단계와 기술개발단계로 구분하여 개념연구 후 의사결정점 A를 통해 기술개발을 위한 사업착수 여부를 결정토록 하여 개념연구의 성숙도를 향상시켜 불필요한 기술개발의 투자를 방지하고 있다. 셋째, 체계개발 및 시연단계에서 체계개발 후 체계시연단계로의 진행을 위해 설계준비검토(DRR: Design Readiness Review)를 요구하고 있다. 그러나 어떤 식으로 바뀌든지 간에 획득전략은 개념연구단계에서 만들어진다.

(balance), 유연성(flexibility), 그리고 위험관리(risk management)와 같은
요소가 획득전략의 개발 및 실행, 그리고 그것의 효과를 평가하는 주요
기준으로 사용될 수도 있음을 의미하는 것이다.

2. 획득전략의 개발과 유지의 이점

어떤 획득 프로그램의 성공과 실패는 명확한 목표(요구와 소요), 그러
한 목표를 달성하기 위해 준비된 계획(획득전략), 그리고 계획을 행동으로
옮기는 데 필요한 수단으로서의 재원(돈), 이 세 요소에 전적으로 달려
있다.6) 이런 점에서 획득전략을 개발·유지하는 것은 목표와 수단을

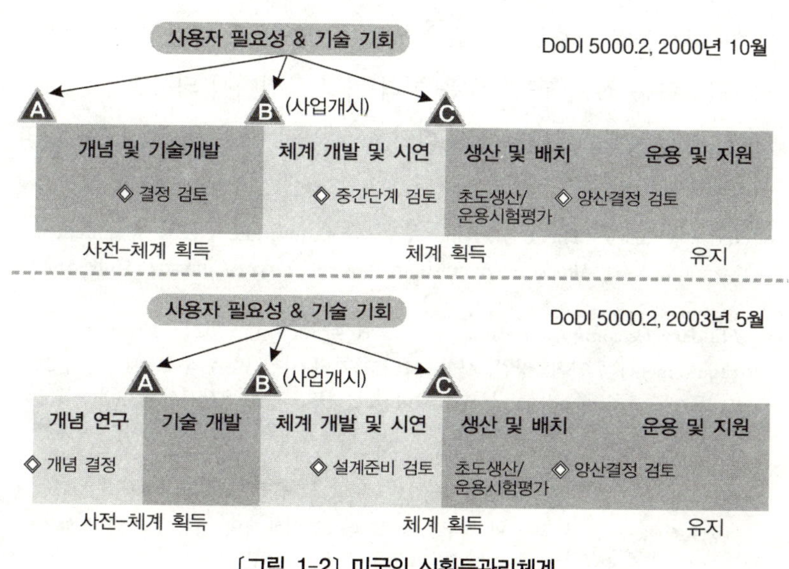

〔그림 1-2〕 미국의 신획득관리체계

연결시켜 주는 연결고리로서 대단히 중요한 것이다.

어떤 독립된 문서로서 포괄적인 획득전략의 개발과 유지로부터 얻을 수 있는 주된 이점, 또는 이익은 적어도 다음의 네 가지 정도를 들 수 있을 것이다.

첫째, 조직화되고 일관성있는 접근을 가능하게 하는 지침을 제공한다. 획득전략은 모든 중요한 이슈(issues)와 대안이 고려되는 것을 보장하는 주요한 점검표(checklist)로서 도움이 된다. 특히 프로그램 관리자가 총획득주기 전반에 걸쳐 수행해야 하는 일을 묘사하고, 방법을 명시해 주는 지침서로 작용한다.

사실 획득전략을 문서화하는 이유는 그것이 전략기획(strategic planning)을 수행하는 적절한 수단이 될 수 있고, 또 그로 인해 비용(cost), 일정(schedule), 성능(performance)에 부정적인 결과를 초래할 수 있는 문제를 사전에 예방하는 것이 어느 정도 가능하기 때문이다.

둘째, 의사결정을 합리적으로 지원하는 수단으로 작용한다. 현재의 조건을 반영하는 최신 획득전략은 여러 가지 측면에서 의사결정의 지원 수단으로 작용한다. 획득전략은 다양한 기능적 소요(requirement)[7]의

---

6) Alexander R. Slate, "The Underlying Keys to Acquisition: Needs, Requirements, Prioritization, Asset Allocation-Acquisition Process," *Program Manager* (July-August 2003),
http://findarticles.com/p/articles/mi_m0KAA/is_4_32/ai_111202137.

7) 소요(requirement)는 인력, 장비, 시설, 그리고 기타 자원 및 용역에 대한 군의 요구(need), 또는 수요(demand)를 말한다. 달리 표현하면, 이것은 작전사용자(육·해·공군)가 작전능력을 극대화하는데 필요한 무기체계를 공식적으로 묘사한 것을 의미한다. 소요를 묘사하는 데 가장 중요한 것은 무기체계의 생산을 지연시키거나, 높은 비용을 초래할 수 있는 과장된 소요를 피하기 위해 노력해야 한다는 점이다. 소요제기시 이보다 더 중요한 것은 없다. 과거의 경험으로 볼 때, 무기체계의 성능에 결함이 있거나, 획득주기가 너무 길어 비용초과를 경험하는 무기체계는 주로 설계나 생산과정에서

우선순위를 정하고, 중요한 이슈대안을 평가, 선택하고, 의사결정을 위한 기회와 시간을 식별하고, 그리고 프로그램 목표의 효율적이고 효과적인 성취에 대한 조정된 접근을 제공하는데 있어 크게 도움을 준다.

획득전략이 충분히 검토되어 의사결정당국(MDA)[8]으로부터 타당성이 높은 전략문서로 승인받아야만 획득 프로그램을 본격적으로 실행에 옮기기 위한 현실적인 접근이 가능하게 되고, 또한 각군, 국방부, 합참, 국회, 예산당국 등으로부터 충분한 지지(support)도 보장받을 수 있게 된다.

셋째, 합의(동의)를 달성하는 수단으로 작용한다. 획득전략은 프로그램의 달성계획과 행동의 준비기반으로서의 역할을 수행한다. 그것은 프로그램 목표를 달성하기 위해 프로그램 관리자와 의사결정당국 간의 계약이 된다. 획득전략은 실행될 것이라고 기대되는 여러 획득 대안을 상세히 기록하게 되는데, 그것이 바로 모든 기능적 관리(FM)[9]가 진행될 수 있는 기초로서 작용하게 된다.

넷째, 규칙과 가정의 지침과 기선으로서의 역할을 수행한다. 획득전략은 프로그램 방향의 기본적인 규칙(rule)과 가정(assumption)을 기록한다. 그것은 지침으로서의 역할을 하고, 또한 주기적인 향상(updates)을

많은 변화, 특히 소요군이 주도하는 변화를 경험한 적이 있는 무기체계가 대부분이었다는 사실이다. 이와 더불어 명확한 소요평가를 하지 못하면, 외부적 개입을 자주 불러일으키게 된다. 과학적·합리적인 소요판단을 하게 되면, 외부에서 그런 소요판단에 시비를 걸지 못하지만, 비과학적인 소요제기는 외부에서 간섭하여 무기체계의 기종을 바꾸거나 규모를 축소한다 하더라도 할 말이 없게 된다.

8) 의사결정당국(Milestone Decision Authority: MDA)은 획득 프로그램 각 단계의 의사결정점 통과여부를 승인하는 권한을 가진 개인 의사결정자를 말한다.

9) 기능적 관리(Functional Management: FM)는 수행해야 할 업무의 유형에 따라 책임을 분류하는 어떤 구조내에서 기획, 조정, 통제 그리고 지도하는 노력들의 과정을 말한다.

통해 프로그램 진척사항을 기록한다. 이 때문에 그것은 후임 프로그램 관리자를 위한 문서화된 기록결과를 자연스럽게 제공하게 된다(이것은 지식공유의 핵심이다). 그것은 또한 지휘계통에 있는 상관들이 시간이 지남에 따른 획득 프로그램의 단계별 진척사항을 측정할 수 있도록 하는 기준 또는 기선(baseline)[10]으로서 도움을 준다(〔그림 1-3〕 참조).

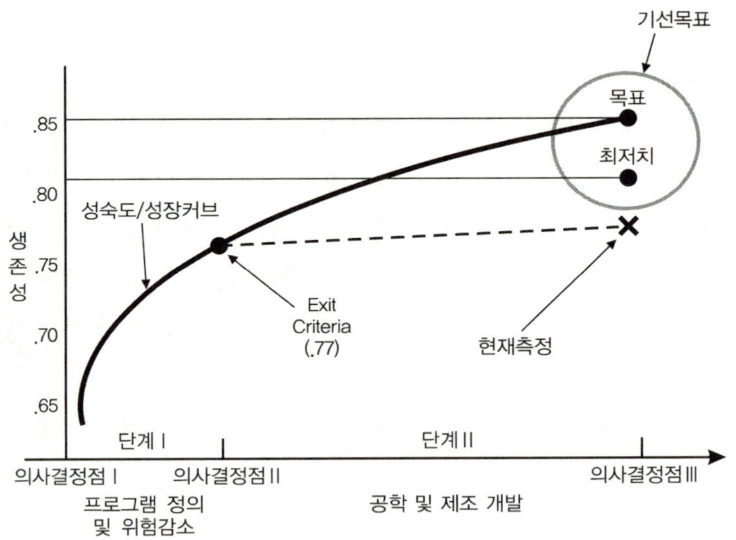

출처: DSMC, *Program Managers Tool Kit*, p. 62.

〔그림 1-3〕 **획득프로그램기선 (성능의 예)**

---

10) 기선은 어떤 획득 프로그램의 진척사항을 측정하기 위한 출발점으로 사용되는 기준으로서의 양(quantity), 또는 질(quality)을 의미한다.

3. 획득전략의 목표

획득전략의 목표는 다음 세 가지로 요약할 수 있다.

첫째, 고품질의 방산제품을 신속히 야전에 배치하고, 적시에 그것을 지원한다. 획득 및 지원을 위한 주기(cycle time)를 단축시키고, 그렇게 함으로써 군의 준비태세(readiness)와 대응성(responsiveness)을 향상시킨다.

둘째, 방산제품의 총소유권비용(TOC)[11]을 낮춘다. 새로운 체계의

---

11) 총소유권비용(Total Ownership Cost: TOC)은 무기체계의 설계, 개발, 소유권, 그리고 지원의 실제비용(true cost)을 결정하기 위해 고안된 개념이다. 국방부 전체 수준에서 TOC는 무기체계의 연구, 개발, 획득, 운영, 처분에 들어가는 비용, 군인 및 민간인력을 모집·보유·지원하는 데 들어가는 비용, 그리고 국방부의 사업운영에 들어가는 다른 비용으로 구성된다. 개별 프로그램 수준에서 TOC는 체계의 획득주기비용(ALCC)과 동의어로 사용된다.

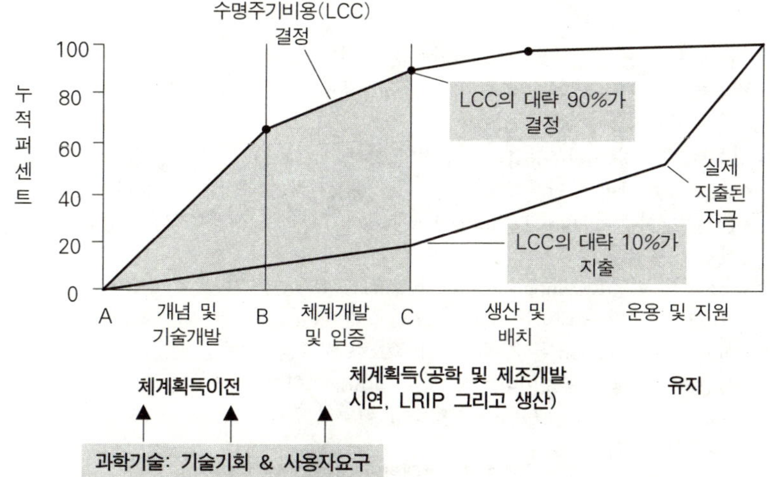

출처: Al Shaffer, "Transitioning S&T Programs," 2003(online).

〔그림 1-4〕 LCC 비용감소

• 수명주기(life cycle)는 연구, 개발, 시험평가, 생산, 배치, 운용, 지원 그리고 폐기처분

투자비용을 감소시키고, 야전에 배치된 무기체계 및 장비의 운용 및 지원비용을 감소시킴으로써, 현대화(modernization)[12]에 소요되는 필요재원을 더 많이 확보하는 것이다.

셋째, 획득 및 군수지원 하부구조(infrastructure)의 평균비용을 감소시킨다. 달성된 비용효율성은 현대화를 위해 요구되는 무기체계 및 장비획득을 위해, 아니면 필수적인 후속 군수지원을 위해 재배분될 수 있을 것이다.

4. 획득전략내에서 취해야 하는 정책행위

이것은 다음과 같이 네 가지로 나누어 간략히 설명할 수 있다.

　을 포함하는 체계수명의 모든 단계를 의미한다.
- 획득수명주기비용에는 개발, 획득, 운영, 지원(인력 포함) 그리고 적용가능할 경우 폐기처분 비용까지도 포함된다.

12) 참고로, 현대화는 전투능력의 점진적인 향상(upgrades), 특히 현존군(legacy force)의 무기체계 및 장비를 단계적으로(pipeline) 향상시키는 데 초점을 둔다.
- 군사기술혁명(Military Technical Revolution: MTR)은 전쟁수행에서 향상된 기술의 결과에 초점을 둔다.
- 군사면의 혁명(Revolution in Military Affairs: RMA)은 기술, 교리, 조직구조 변화의 시너지 효과가 초래하는 결과에 초점을 둔다.
- 변혁(transformation)은 전투능력의 중요한 진보를 이끄는 것으로, 이는 현대화를 희생하여 실행하는 것이다. 자료를 융합(fusion)하고, 군에 공통작전그림(Common Operating Picture: COP)을 전달하기 위한 능력에 초점을 둔다.

〔표 1-2〕 현대화와 변혁의 차이

현대화	변혁
·개별 플랫폼(platform)	·복합체계(system of systems)
·각 군에 구체적인 기술 및 프로그램	·합동·통합기술 및 프로그램

첫째, 개발주기를 단축시켜야 한다.

- 간소화(streamlining)13) : 프로그램 관리자는 필수적·비용-효과적인 소요만 포함될 수 있도록 모든 획득활동을 간소화해야 한다.

- 맞춤(tailoring)14) : 잘 맞춰진 획득전략은 핵심활동이 수행되는 방법, 검토, 문서화의 형식, 그리고 다른 지원활동의 요구에 따라 탄력적으로 변화될 수 있도록 해야 한다.

- 통합생산 및 과정개발(IPPD)15) : 프로그램 관리자는 최대한 현실성, 즉 실현가능성에 초점을 맞춘 프로그램 설계과정을 통해 IPPD 개념을 수용해야 한다. IPTs의 사용이 IPPD의 주요 교리이다.

둘째, 현존체계 및 신규 체계획득의 수명주기비용을 통제해야 한다.

- 경쟁(competition) : 특정한 하나의 제한된 규정상 예외가 적용되지 않는한, 프로그램 관리자와 계약 담당자들은 완전하고 개방된 경쟁 조건을 제공해야 한다. 그들은 획득 프로그램의 상황에 가장 적합한 경쟁절차를 사용해야 한다. 획득 프로그램을 수행하기 위해 마련된 획득전략은 수명주기단계에서의 경쟁을 통해 프로그램 목표들을 달성하기 위한 계획을 묘사할 수 있어야 한다.

- 독립변수로서의 비용(CAIV)16) : CAIV는 수명주기 비용을 포함한

---

13) 간소화는 획득과정을 단축시키기 위한 노력을 지칭하는 의미로 일반적으로 많이 사용된다.

14) 맞춤은 어떤 핵심적 이슈(예: 프로그램 정의, 구조, 설계, 평가, 주기적 보고 등)가 특별한 프로그램에서 구현되는 방식을 뜻한다.

15) 통합생산 및 과정개발(Integrated Product and Process Development: IPPD)은 설계, 제조, 그리고 지원과정을 최적화하기 위해 여러 전문분야로 이루어진 팀(multidisciplinary teams)을 활용해 모든 필수적인 획득활동을 동시에 통합하는 관리기술을 의미한다. IPPD는 비용과 성능목표의 충족을 용이하게 하는 관리기술로서, 그 핵심 교리 가운데 하나는 통합생산팀(IPTs)을 통한 여러 전문분야로 이루어진 팀워크(multidiscipliary teamwork)활동이다.

비용목표에 도달하는 데 도움을 주고, 획득과정의 각 단계동안 비용·스케줄·성능의 상쇄(trade-off)에 토대를 둔 소요당국의 의사결정을 도와 주는 과정이다. CAIV 과정은 공격적이고, 달성가능한 비용목표를 설정하고, 이 목표의 성과를 관리함으로써 구매가능한 체계를 획득·운영하기 위한 획득전략을 개발하기 위해 사용될 수 있도록 해야 한다.

- 통합디지털환경(IDE): 프로그램 관리자는 자료관리체계, 그리고 총수명주기를 통해 프로그램의 자료소요를 충족시키는 통합디지털환경을 구축하는 책임을 가져야 한다.

셋째, 기술적 진보와 변화하는 위협에 따라 체계성능의 향상을 가능하게 하는 개방체계구조를 가져야 한다.

- 상업용 체계 및 아이템(commercial system and commercial items): 획득전략을 개발하고 향상시킬 때, 프로그램 관리자는 국내와 국외를 막론하고, 소요군의 요구를 충족시킬 수 있는 공급(supply) 및 용역(service)의 모든 가능한 원천을 고려해야 한다. 상업 및 비개발 품목은 공급의 일차적 원천으로 고려되어야 한다. 시장조사와 분석은 개발 노력이 이루어지기 이전이나 그 기간, 그리고 어떤 제품을 묘사하

---

16) 독립변수로서의 비용(Cost as An Independent Variable: CAIV)은 공격적이고 달성가능한 수명주기의 비용목표를 설정하고, 필요할 경우 성능과 일정을 상쇄함으로써 이러한 목표의 달성을 관리함으로써 이용가능한 체계를 획득·운영하기 위해 사용되는 방법론이다. CAIV는 수명주기의 비용을 정하고 조정하고, 총체적인 비용결과의 관점에서 소요를 평가하는데 관심을 촉발시킨다. 사실 과거에는 군이 필요로 하는 무기체계 및 장비는 대부분 소요로 정당화하였으며 얼마의 비용이 들더라도 원하는 성능을 기대할 수 있었다. 그러나 지금은 무기체계 및 장비 획득에 들어가는 예산자원의 제약 때문에, 소요제기시 비용을 고려할 수밖에 없는 형편에 있는데, 이 때 사용자가 비용을 소요의 일부로 취급하고자 하는 개념이 바로 '독립변수로서의 비용(CAIV)'이다.

는 준비를 하기 전에 현존하는 상업 및 비개발 품목의 이용가능성과 적합성을 결정하기 위해 이루어져야 한다.

- 표준·상업적 공통 소요규격(standard/commercial interface requirements specifications): 프로그램 관리자는 개방체계(open system)의 목표를 설정하고, 체계의 개방수준을 규정하는 접근을 기록하고, 이러한 목표를 달성하기 위한 개방체계의 전략을 고안해야 한다.17) 전략은 다수의 공급업체 및 상업적으로 지원받는 관행을 사용함으로써 최고의 전투능력을 더 빠르게 구매하여 야전에 배치시키는 데 초점을 두는 것이다.

넷째, 동맹국들과의 무기체계 상호운용성을 증대시켜야 한다. 양립가능성(compatibility), 상호운용성(interoperability), 그리고 통합성(integration)18)은 모든 획득 프로그램에서 반드시 충족시켜야 하는 주요 목표

---

17) 개방체계접근(Open System Approach): 과거처럼 군과 정부에만 적용되는 규격이나 품목을 추구하는 대신에 상용부문에서 통용되는 관행, 제품 및 서비스, 성능규격, 표준화 비개발 품목(Non-Development Item: NDI)의 사용을 강조하는 획득전략을 '개방시스템접근'이라 한다. 이 전략은 체계를 개발할 때 광범위하게 통용되는 상용의 제품 및 표준을 사용함으로써 신속한 획득, 상호운용성 향상, 점진적 획득 구현, 수명주기간 운용지원성 향상, 수명주기 총비용의 절감, 성능개선시 재설계 노력의 감소 등을 가져오게 하는 대단히 중요한 획득전략이다.

18) 양립가능성은 둘 이상의 무기체계 및 장비(items) 또는 구성품(components)이 상호간섭이 없이 똑같은 체계 또는 환경에서 존재하고 기능하는 능력을 의미한다.

- 상호운용성은 각군 간, 또는 동맹국 간 통합작전수행이 가능한 체계의 능력을 의미한다. 미래전장은 정보전·네트워크전 등 체계통합적 형태의 전투수행으로 각종 무기체계 간 상호운용적 연동이 더욱 중요시되므로 무기체계 간 상호운용성을 높이는 것은 대단히 중요하다. 특히 상호운용성 보장은 무기체계의 통합전력을 극대화하고, 차후 연동을 위해 소요되는 예산까지 줄일 수 있게 된다. 그러나 상호운용성을 달성하는 것은 그리 쉬운 일이 아니다. 그 달성가능성의 어려움을 분석한 뛰어난 연구는, Anthony W. Faughn, *Interoperability: Is It Achievable?*(Harvard University Center For Information Policy Research, 2001) 참조.
- 통합성은 체계획득관리의 다양한 기능적 분야가 국방체계의 설계, 개발 그리고 생산

이다. 여기에는 다른 각군 프로그램, 또는 동맹국 프로그램에 기능하는데 유사한 구성품·체계의 상호운용성 및 공통성에 관한 토론이 포함되어져야 한다.

동맹국들과의 무기체계 상호운용성은 지휘·통제·커뮤니케이션·컴퓨터·정보(C4I)체계, 시스템공학(system engineering) 소프트웨어공학(software engineering)에서 특히 중요하다. 그리고 프로그램 관리자는 국방획득 단계에 관련된 국제적 활동, 그리고 국방협력(defense cooperation)의 영역에 관련된 전문지식이 있어야 한다.19) 특히 동맹국 간의 국방협력을 통한 무기체계 획득관련 자료 및 정보를 교환하고, 획득인력을 서로 교류하는 것은 대단히 중요하다는 사실을 알아야 한다. 그러나 어쩌면 이것은 소요제기 단계에서 더 중요할지도 모른다. 소요개발자(requirements developers)는 임무를 충족시키는 여러 방법을 찾아내야 하는데, 이를 위해서는 그들의 분석을 국방부 내에서 개발되고 있는 기술들에만 국한시켜서는 안 되며, 현재 배비되어 운용되고 있는 다른 군 또는 기관, 그리고 동맹국들에 의해 개발되고 운영되고 있는 체계 또는 프로그램까지 보아야 한다. 그리고 자군, 동맹국 군사체계, 또는 상업용 체계의 사용을 포함하는 잠재적인 새로운 개념을 소요단계에서부터 찾아내야 한다.

동안 적절하게 고려되는 것을 보장하기 위해 IPPD과정을 사용하는 프로그램 담당실 내에서 취하는 행동을 의미한다.

19) 다소 오래된 책이지만 이 방면의 뛰어난 분석은, 황동준, 한남성, 이상욱, 『미국의 대한안보지원평가와 한미방위협력 전망』(서울: 민영사, 1990) 참조.

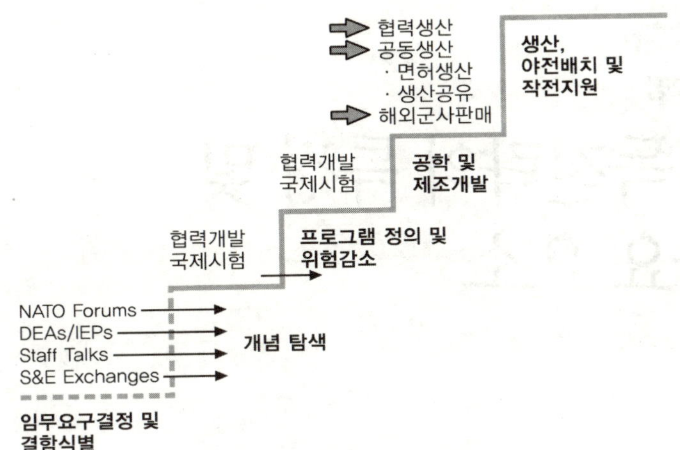

출처: DSMC, DSMC *Program Mangaers Tool Kit, Ninth Edition* (DSMC, March 1999) p.19

〔그림 1-5〕 국방획득단계에 관련된 국제적 활동

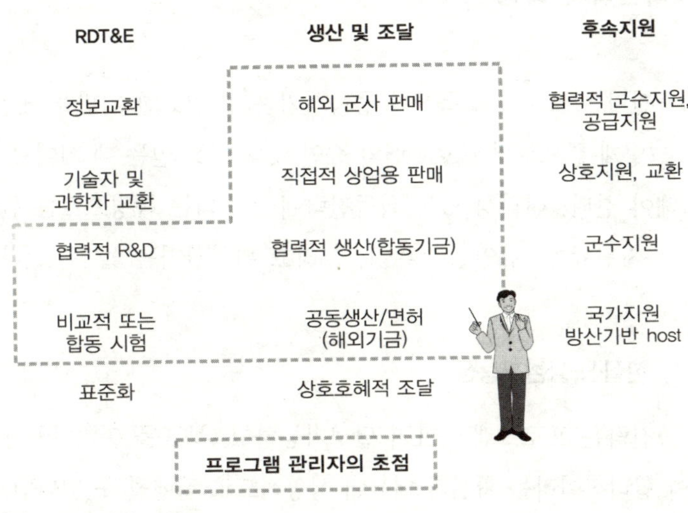

출처: DSMC, *ibid*, p. 20.

〔그림 1-6〕 국방협력의 영역

제2장

획득전략의 특징 및 중요 요소

1. 획득전략의 특징

획득전략은 프로그램 목표를 충족시키는 데 필요한 기반을 제공해야 하며, 그렇게 함으로써 프로그램의 승인 및 지지를 얻는 데 기여할 수 있도록 해야 한다. 신뢰성 있는 획득전략에 요구되는 특징으로는 현실성, 안정성, 자원균형, 유연성(융통성), 그리고 위험관리를 들 수 있다.

1.1. 현실성(실현가능성)

획득전략은 프로그램 목표가 달성가능하고, 목표를 충족시키기 위한 접근이 합리적이라는 확신과 더불어 성공적으로 집행될 수 있다면, 현실성이 높은 전략으로 볼 수 있을 것이다. 물론 현실성이 쉽게 계량화될 수 있는 성질의 것은 아니다. 사실 계량적인 표현이 가능하면 숫자로 그것을 표현하는 것이 상식이겠지만, 현실성에서는 계량화가 어렵기 때문에, 그것은 다소 애매모호할 수도 있다. 그러나 약간의 전제를 마련하면 계량화시킬 수도 있을 것이다. 예를 들어 초등학생의 가정통신문처럼 5단계 평가(수, 우, 미, 양, 가)를 하는 것만으로 현실성 목표가 꽤 좁혀질 수도 있다. 그러나 현실성을 수치로 평가할 수 있는 확률 및 통계적 분석과 더불어 다양한 분석방법론을 개발하는 노력을 기울여 나가야 할 것이다.

현실성 있는 접근만이 고위 의사결정자들로부터 획득 프로그램의 승인 및 지지를 쉽게 이끌어낼 수 있다. 비현실적인 전략은 승인 및 지지를 받기도 어렵고, 또한 프로그램의 불안정과 위기를 지속적으로 초래할 수 있으며, 그로 인해 실패를 초래하게 될 가능성이 높다. 의사결정의 어떤 단계에서 프로그램이 실현되기 어렵다는 증거가 나타나게 될 경우, 프로그램 관리자들은 일반적으로 사업을 연기하는 조치를 취하는 경우가 많다. 그러나 이런 조치가 설사 작동한다 할지라도, 이미 세금이 투입된 활동은 만성적인 재원부족 상태에 놓이게 될 수밖에 없을 것이다.

그리고 지연된 활동은 일정 및 비용문제를 초래하게 된다. 이러한 상황을 피하기 위해서는 비용, 일정, 성능 등의 요인에 관련된 소요를 능력의 한계 내에서 처음부터 잘 설정하는 것이다. 즉 프로그램 관리자는 지나치게 낙관적이지도 보수적이지도 않은 개념적 계획을 획득전략에서 제시해야 한다. 이를 위해서는 다음과 같은 질문이 도움이 될 것이다. 통합생산팀(IPTs)이 이 프로그램을 실행할 수 있는 능력을 충분히 갖추었는가? 이 프로그램을 수용할 수 있는 환경이 조성되어 있는가? 효과가 나오기까지 투자를 계속할 수 있는가? 그리고 적절한 타이밍(timing)으로 사업을 마무리지을 수 있겠는가? 이러한 여러 사항들, 즉 사람, 시간, 돈과 같은 자원상의 제약조건을 충분히 고려해 선택해야 하는 것이다.

프로그램 관리자는 획득전략의 현실성을 높이는 데 제약을 가하는 요인이 많이 있다는 사실을 똑바로 인식하면서, 항상 그것을 염두에 두고, 획득전략을 개발해야 한다. 그런 요인의 몇 가지 예를 들어보면 다음과 같다.

첫째, 소요군이 납득하기 어려울 정도의 미래 위협분석에 토대를 둔 과도한 수준의 성능 요구 등과 같은 비현실적 조건을 제시할 경우, 프로그램 관리자의 입장에서는 그것을 상부로부터 인정, 승인 및 지지를 이끌어 내는 것이 어렵게 된다. 특히 이것은 비용, 일정, 성능간의 상충(trade-off)을 허락하지 않는다.

둘째, 상부로부터 프로그램 관리자에 가해지는 지나친 간섭은 불충분한 전략, 특히 비용, 일정, 성능상의 문제를 초래하는 위험을 가져올 수가 있다.[20]

현실성은 성공적인 획득전략을 마련하는 데 대단히 중요한 기준이다. 물론 현실성을 만족스럽게 달성하는 데 도움이 될 수 있는 방법은 거의 없다. 그러나 위협분석, 기술평가, 무기체계의 성능검토, 방산 및 민수업체의 기술개발 능력분석에 관한 지속적인 연구를 통한 지식축적은 획득전략의 현실성을 높이는 데 도움이 될 수 있을 것이다. 왜냐하면 프로그램 관리자가 이런 능력에 토대를 두고 작성한 결과를 제시해야 상부로부터 신뢰 및 합의도출을 쉽게 유도할 수 있기 때문이다.

---

20) 이 분야의 다양한 사례분석은, 김종하, 『무기획득 의사결정: 원칙, 문제 그리고 대안』 개정증보판(서울: 책이된 나무, 2001) 참조.

1.2. 안정성

획득 안정성은 부정적인 대내외적 영향으로부터 프로그램의 진척을 저해시키는 것을 억제하는 특징이다. 부정적 영향은 빈번하게 비용, 일정, 성능상의 변화를 불러일으킨다. 국가적 차원에서 볼 때 대단히 중요한 획득 프로그램이라고 해서 그것이 추진되는 과정에서 변화되지 않을 것이라고 가정하는 것은 한 마디로 대단히 순진한 생각이다. 국가차원의 전략적 프로그램의 통제와 범위를 크게 넘어서는 상황은 획득과정에서 번번하게 일어난다. 개발 중인 체계의 작전적 가치를 심각하게 무력화시킬 수 있는 잠재적인 적의 증가된 위협능력을 예로 들 수 있을 것이다.

중요한 체계와 모수(parameter)[21]에서의 어떤 변화는 프로그램 전반에 걸쳐 큰 파장을 불러일으킬 수 있으며, 심각한 혼선을 초래하고, 프로그램 평가결과의 확신을 감소시키고, 정부 및 계약업체의 위험을 증가시키고, 그로 인해 프로그램 관리자의 사기와 동기를 감소시킬 수도 있다. 빈번하게 주요한 변화가 만들어질 경우(예: 자금조달 부문) 프로그램의 안정성은 크게 영향을 받을 수밖에 없다. 이런 점을 항상 염두에 두고 프로그램 관리자는 획득전략을 주의깊게 설계해야 하는 것이다. 그래야 잠재적인 불안정성의 발생가능성에 대처가 어느 정도 가능해 지는 것이다.

획득 프로그램의 안정성을 저해하는 주요 요인들로는 다음과 같은 것을 들 수 있다.[22]

첫째, 여러 외적 요인들이 매년 자금조달 수준에 변화를 가져올 수 있다. 그러한 변화는 프로그램 확대를 요구하거나 작전능력의 감소, 또는

---

21) 모수는 결정적인 요인 또는 특징을 말하는 것으로, 보통 어떤 체계를 개발하는데 성능과 관련이 있는 요소이다.

22) DSMC, *Acquisition Strategy Guide, Fourth Edition* (DSMC, 1999), pp. 2-2~2-3.

감소된 생산량을 요구한다.

둘째, 인식된 위협수준이 변하거나, 또는 사용자가 기존능력의 이상, 또는 이하를 원할 경우, 어떤 경우가 되든지 간에 그것은 분명히 기술적 진척의 붕괴를 초래할 가능성이 높다.

셋째, 행정부, 집행진, 정치적 조류 등의 변화는 정책의 수정을 초래할 것이다. 그리고 그것은 기존 전략을 새로운 사고에 맞추어 변화하도록 강요하는 요인으로 작용하게 된다.

넷째, 계약업체(방산업체)는 감당하기 어려운 위험이나 주요 획득 프로그램에서의 낙찰에 따른 수익, 수주실패, 개량실패 등에 직면할 수 있다. 그 결과는 프로그램에 들어가는 추가적인 시간과 돈을 요구하며, 새로운 계약업체의 물색을 초래할 것이다.

다섯째, 조직 및 인력상의 변화는 지속성과 책임성의 결핍, 감사기록의 손실, 프로그램의 방향, 과정, 그리고 절차의 변화를 야기시킨다.

획득전략에 관련된 다섯가지 요소가 프로그램의 안정성을 증가시킬 수 있다.[23]

첫째, 전략은 프로그램이 나아가는 지향점과 목표 달성의 시기 및 방식 등을 서술하는 것이다. 이 때문에 프로그램의 구체적인 목표, 접근 그리고 통제절차 등을 상세하게 서술해야 한다.

둘째, 보통사람들은 업무시간의 20% 정도를 문제해결에 필요한 지식을 찾는 데 사용한다. 만약 이 시간을 10%만 줄인다면, 비용과 시간 절약의 측면에서 볼 때, 많은 업무를 성공적으로 수행할 수 있게 될 것이다. 이 때문에 획득인력 간의 지식공유(knowledge sharing)가 필요하고, 이것이 제대로 되면 프로그램을 성공적으로 추진하는 데 필요한 공

---

23) *Ibid.*, 2-3.

감대를 형성할 수 있고, 또한 프로그램의 안정성을 높이는 데 기여할 수 있게 된다. 따라서 통합생산팀을 만들고, 그것을 통해 획득전략 문서를 작성하게 하는 것은 바로 지식기반 국방획득(knowledge-based defense acquisition: 획득관련 인력과 조직이 효율적으로 지식을 공유·창출하여 이를 통해 국방획득 프로그램을 합리적으로 관리하는 것)의 전형으로 볼 수 있는 것이다.24)

셋째, 상부로부터 지지를 얻지 못하는 프로그램은 우선적인 변경대상이 될 가능성이 높다. 따라서 프로그램 관리자는 프로그램을 원활하게 추진하는 데 도움이 될 수 있는 지지세력(예: 정치권, 학계, 시민단체 등)을 세심히 파악하여, 이들에게 프로그램 추진에 관련된 정보를 지속적으로 제공할 수 있도록 해야 한다. 그리고 프로그램 추진에 반대를 표명하는 세력들에게는 프로그램 추진에 관련된 정보를 제시할 수 있도록 노력해야 하며, 가능하다면 새로운 지지세력도 지속적으로 확보하는 노력을 계속 기울여 나가야 한다.

넷째, 프로그램 관리자는 쉽게 취소될 수 없는 합의를 도출하기 위해 고군분투해야 한다. 만약 외부의 제3자를 통해 합의를 이룰 경우, 안정성을 위한 조치는 거의 70% 이상 달성된 것이나 다름이 없다고 볼 수 있다. 합동개발 또는 장래 납품 등에 외국정부와의 합의각서와 다년제 조달계약 등을 예로 들 수 있을 것이다.

---

24) 지식공유를 촉진시키기 위한 학습조직을 구축하는 내용에 관해서는, Frank Anderson, Rob Dare, and Rich Stillman, "The Hanscom Learning Organization," *Defense AT & L* (September-October 2004), Vol. XXXIII, No. 5; Sylwia Gasiordk-Nelson, "Knowledge Sharing System and Communities of Practice: Supporting DAU's Performance Learning Model," *Program Manager* (September-December 2003), Vol. XXXII, No. 5 참조.

다섯째, 적절히 훈련되고 도전적인 다기능 통합생산팀(IPTs)의 활용은 프로그램의 성공에 큰 역할을 하며, 그로 인해 장래 불안정을 야기할 수도 있는 지엽적이거나 기능적 불균형을 감소시킬 수 있게 된다([그림 2-1] 참조).

통합 생산팀

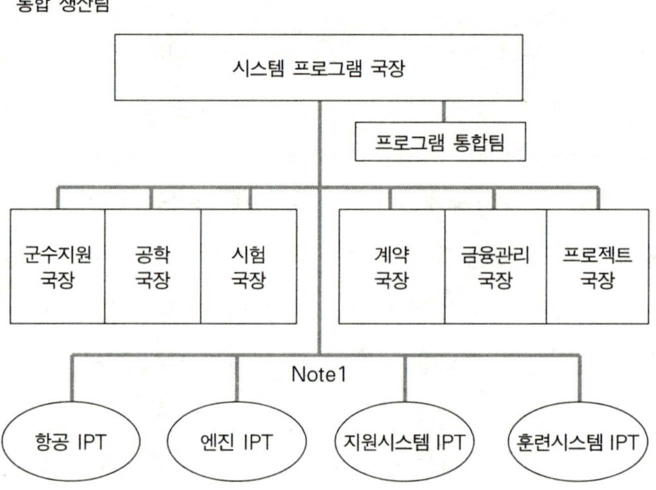

IPT=Integrated Product Team(통합생산팀)

PTI=Program Integration Team(프로그램통합팀)

Note1:IPTs mirror Work Breakdown Structure(IPTs는 WBS를 반영한다)

*작업분할구조(WBS)는 프로젝트의 최종결과물에 도달하기 위한 각 단계에서 어떤 결과물이 필요한지를 트리상태로 계층화하는 것을 말한다.

출처: DSMC, *DSMC Program Managers Tool Kit* (March 1999), p. 46.

〔그림 2-1〕 **통합생산팀 구조**

프로그램 관리자를 지원하는 통합생산팀의 구성원은 적어도 다음 분야에 최소한의 지식을 갖춘 사람들로 구성해야 한다. 왜냐하면 이 분야가 획득관리에 필수적으로 요구되는 핵심분야이기 때문이다.[25]

- 획득전략(Acquisition Strategy)
- 통계학(Statistics)
- 회계학(Accounting)
- 시스템공학(System Engineering)
- 군수지원 및 생산이후 지원계획
  (Logistics Support & Postproduction Support Plan)
- 프로그램 보호(Program Protection)
- 훈련개발(Training Development)
- 기술평가 및 통제(Technology Assessment & Control)
- 위험관리(Risk Management)
- 컴퓨터·소프트웨어개발 및 개발이후 소프트웨어지원(Computer/ Software Development & Postdevelopment Software Support)
- 인적 시스템통합(Human Systems Integration)
- 야전배치(Fielding/Deployment)
- 제조(Manufacturing)
- 통합시험 및 평가(Integrated Testing & Evaluation)

| 보충설명 | **지식기반 국방획득 I**

　가장 중요한 경쟁우위는 조직 내의 지식이다. 전 조직에서 공유할 수 있고, 문제해결에 적용할 수 있는 지식은 개인의 지식이 아니라 조직의

---

25) 획득 프로그램의 분석 및 평가업무를 담당하는 인력도 통합생산팀의 구성원이 보유하고 있는 지식과 똑같은 지식을 갖춘 사람으로 구성해야 제대로 된 분석 및 평가가 가능할 것이다.

집단지식이다. 핵심역량을 강화할 수 있는 분야에 집단지식이 초점을 맞추게 되면 경쟁에서 완전한 우위를 차지할 수 있게 된다. 이를 통해 최소 비용으로 최대효과를 거둘 수 있는 무기체계, 정보체계 그리고 기타 장비를 획득할 수 있게 된다.

현재 국방부 획득실 및 각군 획득관련 조직은 국방획득과정에서 파생되는 다양한 문제를 해결하고, 획득 프로그램의 운용을 개선하기 위한 대안을 찾기 위해 노력하고 있다. 하지만 문제가 되는 것은 어떤 해결책이나 새로운 아이디어가 항상 개별적인 무기체계 획득 프로그램(예: 잠수함사업, 전투기사업) 내부에만 머문다는 데 있다. 무기체계 획득과 유지관리를 통해 획득인력이 참으로 어렵게 체득한 지식과 경험이 획득관련 조직전반에 걸쳐 공유되지 못하고, 개별적인 무기체계 획득 프로그램이 종결되는 것과 동시에 사장되어 버린다. 이와 같은 지식의 집단적인 공유와 이전의 실패는 우리의 핵심역량을 강화하기 위한 엄청난 기회를 놓쳐버리는 결과를 초래할 수 밖에 없다.

이러한 측면에서 볼 때, 현재 우리나라의 국방부 획득실 및 각군 획득관련 조직은 한 마디로 지식의 관리능력이 갖추어지지 않았다는 것이다. 이를 개선하기 위해서 가장 우선적으로 해야 하는 것은 바로 획득인력 및 조직의 획득비전(vision)을 개발하는 데 있다. 그렇다면 국방부 획득실 및 각군의 획득관련 인력 및 조직이 가져야 할 공통적인 비전은 어떠해야 하는가? 필자가 간략히 만들어 본 비전은 다음과 같다.

국방부 획득실 및 각군 획득관련 조직은 방위산업체와 더불어 단순히 소요군의 서비스 제공자로서의 구실만이 아닌 완벽한 군사적 준비태세를 제공하는 공급자로서의 기능을 하면서, 특히 소요군의 요구를 신속하고 정확하게 파악해 값싸고, 성능이 좋은 무기체계를 적기에 제공할 수 있는 현명한 조직으로 변모하는 데 있다.

이러한 비전하에 소요군에 대한 서비스 패러다임의 전략적 이해가 필요하고, 지식공유를 위한 기본적인 토대(infrastructure)를 구축한 뒤, 국방부 획득실 및 각군의 획득인력이 서로 가지고 있는 지식을 공유하기 위한 효과적인 방법을 찾아내야 한다. 핵심은 획득인력이 문제해결을 위해 어떤 지식을 필요로 하는지, 언제 그것을 필요로 하는지, 그리고 필요로 할 때, 그것을 쉽게 이용할 수 있도록 지식을 조직화하는 데 있다. 획득인력들과 방위산업체가 가진 지식을 조직화한다면 개별적으로 가진 지식보다 수십 배나 강력한 새로운 지식을 창출할 수 있게 될 것이다. 그렇다면 국방부 획득실, 각군의 획득관련 조직, 방산업체 등이 개별적으로 가진 지식을 어떻게 체계적으로 조직화할 수 있겠는가? 이를 위해서는 다음의 여섯가지 핵심적인 요소를 빠른 시일 내에 구축하기 위해 노력해야 한다.

◼ 지식지도화

지식지도화(knowledge mapping)란 분야에 정통한 전문가와 지식이 국방부, 합참, 각군, 방위산업체 어디에 있는지, 또는 역으로 지식이 가장 취약한 분야가 어디인지, 그리고 구조조정, 또는 획득인력의 전출이나 전역으로 인해 지식을 사장시켜 버릴 수 있는 곳은 어디인지를 마치 지도를 작성하듯 세밀하게 묘사하여 문서화하는 것을 말한다. 특정 문제를 해결하는 데 필요한 기술과 지식이 있는 사람을 재빨리 그리고 효과적으로 찾기 위해 지식지도가 필요하다.

◼ 실제협력

실제협력(virtual collaboration)이란 획득인력과 방산업체를 구체적인 지형학적인 위치에 고착시켜 함께 업무를 수행할 수 있도록 하는 것을 말한다. 국방획득 프로그램이 시작되어 종결될 때까지 책임을 맡은 사람이 끝까지 일을 수행하도록 만드는 것이 핵심이다. 이것은 국방획득 프로그램의 일관성과 책임성을 유지하기 위해 꼭 필요한 대안이다. 정보통신기술이 아무리 발달한다 하더라도 가까이에서 함께 일하지 않으면 서로

간의 암묵지를 공유하기가 사실상 어렵다.

❸ 관심분야 동호회

관심분야 동호회(communities of practice)란 유사한 이해관계와 이슈를 가진 사람의 지식을 공유할 수 있도록 어떤 모임을 만드는 것을 말한다. 개별적인 무기체계 획득 프로그램을 통해 체득한 암묵지를 획득인력이 서로 같이 공유할 수 있는 장을 만드는 것이 핵심이 된다. 암묵지를 서로 공유하고 공유과정에서 자연스럽게 형식지가 도출될 수 있도록 해야 한다. 질문과 대답시간을 통해 자주 일어나는 질문을 형식지화해서 지식지도를 만들 수도 있을 것이다.

❹ 모범사례

모범사례(best practice)란 가장 좋은 획득사례를 모으고, 저장하고, 누구나 활용할 수 있도록 하게 하는 능력을 말한다. 획득인력이 쉽게 이용할 수 있도록 데이터베이스화하는 것이 핵심이 된다. 이와 더불어 실패한 사례 또한 일목요연하게 정리하여 똑같은 실수를 반복하지 않도록 하는 것 또한 필요하다.

❺ 소요군과의 관계

소요군과의 관계(customer relationships)는 국방부, 합참, 각군 획득 관련 부서와 소요군 간의 긴밀하고 협조적인 관계를 말하는데, 이는 국방 획득 프로그램의 성공에 필수적이다. 특히 소요군은 무기체계의 소요제기부터 폐기처분에 이르는 총획득주기의 의사결정과정 전반에 걸쳐 참여하도록 하는 것이 핵심이다.

❻ 유연한 의사결정체계

유연한 의사결정체계(flexible decision-making system)는 지식의 흐름이 쉽게 사람과 조직사이에 유통될 수 있도록 해야 한다. 이를 위해서는 중앙집권화된 의사결정구조에서 탈피해야 한다. 국방획득은 원래 그 본질상 유연성을 필요로 하는 대규모 사업이기 때문에 군대스타일의 지휘체계가 지나치게 강조되어서는 안 되기 때문이다. 비단 이러한 이유가 아니더라도 중앙집권화된 의사결정방식은 예측가능성과 순응 등이 중요한 가치였던 시대인 산업사회의 패러다임이다. 오늘날과 같이 미래예측이 불가능한사회에서는 획득인력이 자유롭게 자신의 지적 능력을 발휘할 수 있도록 의사결정체계가 바뀌어야만 한다.

결론적으로 강력한 지식관리 능력을 발전시키기 위해서는 사람, 과정 그리고 기술에 초점을 두어야 한다. 첫째, 획득인력은 지식을 자유롭게 공유한다는 관념을 가지고 있어야 하며, 획득업무의 수행도 그러한 공유문화를 지지하는 방향으로 이루어져야 한다. 둘째, 획득과정은 모든 사람이 명확히 이해할 수 있도록 하고, 최소한의 노력만으로도 지식공유가 일어날 수 있도록 해야 한다. 이런 인식을 가지고 있어야만 지식관리기반을 구축하는 작업이 또 다른 부차적인 업무를 수행한다는 믿음을 가지지 않게 된다.

지식은 최소비용으로, 원하는 기간 내에 소요군이 만족할 수 있는 무기체계를 획득하는 데 가장 핵심이 된다. 바로 이것을 하고자 하는 것이 지식기반 국방획득이다. 지식관리를 통한 국방획득을 성공적으로 하기 위해서는 모든 획득인력이 지식의 중요성을 인식하고 효과적으로 지식을 공유할 수 있는 방법을 찾고, 또한 그런 문화를 만들기 위해 노력해야 한다.

출처: 김종하, "지식기반 국방획득을 위한 정책주창"『국방저널』(2001년 8월), pp. 69~71.

| 보충설명 | **지식기반 국방획득 II**

지식관리에서 가장 핵심은 사람이다. 왜냐하면 자료와 정보를 이용하여 형식지(explicit knowledge: 책, 보고서, 논문 등)로 바꾸거나, 암묵지(tacit knowledge: 개인적인 시행착오를 통해 어렵게 체득하여 자신의 머리속에만 들어 있는 지식)를 형식지로 바꾸는 것은 컴퓨터가 아닌, 사람이 하는 것이기 때문이다. 단지 사람만이 지식을 얻고, 그것을 다른 지식, 또는 경험과 결합해서 새로운 지식을 창출해 낼 수 있다.

획득관련 인력은 실제 업무의 20~30% 정도는 당면한 문제를 해결하는 데 필요한 새로운 지식을 찾는 데 소모한다. 이것은 획득인력이 새로운 지식을 찾고자 하는 욕망이 매우 크다는 것을 의미한다. 특히 획득업무를 처음 접하는 인력은 업무수행에 필요한 지식을 얻고자 하는 욕망, 특히 문제해결에 필요한 지식을 얻고자 하는 욕망이 누구보다 클 것이다.

실무경험을 통해 어렵게 체득한 지식이 축적되지 못하고 그냥 사장되어 버릴 경우에는 지식의 단절이 발생하게 된다. 따라서 획득인력은 어렵게 체득한 지식과 경험을 다른 인력과 기꺼이 공유할 수 있도록 해야 한다. 획득인력 간에 지식공유가 물이 흘러가듯 자연스럽게 이루어지게 만드는 것, 바로 이것이 지식기반 국방획득의 본질이다.

왜 사람은 지식을 공유하는가

일반적으로 사람은 적어도 세 가지 이유 때문에 지식을 공유하게 된다. 첫째 상호이익 때문에, 둘째 개인적인 평판이나 명성 때문에, 셋째 이타심 때문에 지식을 공유하려고 한다.

■ 상호호혜성

상호호혜성(reciprocity)이란 어떤 사람이 미래에 지식을 찾을 필요가 있을 때, 다른 사람이 기꺼이 지식을 공유할 것이라는 믿음하에서 현재 자기의 지식을 다른 사람과 공유하는 것을 말한다. 이것은 지식공유의 가장 근본적인 이유라고 할 수 있다. 그것은 대부분의 사람들은 무엇인가 보답으로 미래에 어떤 것을 얻을 수 있다고 생각한다면, 다소 가치가 있는 지식도 포기할 수 있기 때문이다. 이것은 사실 신뢰관계가 있는 경우에만 적용이 가능한 지식공유방법이다. 따라서 만약 이 방법을 지식공유의 접근법으로 채택하려고 한다면, 리더십이 필요하다. 서로간에 신뢰를 구축하여 지식을 공유할 수 있도록 하는 조직문화를 창출할 수 있는 강력한 리더십이 필요한 것이다.

■ 평판

평판(repute)은 사람은 조직내에서의 명성과 영향력을 증대시킬 수 있다고 믿을 경우 지식을 공유하게 된다. 조직 내에서 전문가로 알려지게 되면, 자아의식과 성취감이 조장된다. 조직 내에서 전문가로서의 명성과 평판 때문에 그들은 중요한 프로젝트에 다른 사람보다 더 열심히 참가하게 된다. 특히 구조조정시 그들의 명성과 공인된 지식은 해고와 같은 결정이 내려질 때 보호막으로 작용하기도 한다.

■ 이타주의

사람은 직접적인 보상이 없음에도 불구하고 지식을 공유하기도 한다. 하지만 이렇게 하는 사람은 매우 드물다. 그러나 조직의 이해가 사활이 걸려 있는 경우에는 지식을 공유하게 된다. 예를 들어 지식을 공유하여 기업가치를 증가시켜 주식가치가 증가하게 된다면, 조직의 구성원은 기꺼이 지식을 공유할 것이다. 이러한 이타주의(altruism)는 벤처기업들의 지식공유방식에서 두드러지게 나타난다.

지식을 공유하려 하지 않는 이유

지식을 공유하기 위한 인센티브가 존재한다면 지식을 공유하지 못할 이유가 없다. 지식을 공유하기 위한 긍정적인 이유가 있듯이, 강력한 방해요소도 똑같이 존재한다. 이러한 방해요인으로는 문화적·경제적·과정적 장벽을 들 수 있다.

❶ 문화적 장벽

일하는 조직의 문화와 환경은 지식을 공유하지 못하게 하는 가장 강력한 방해요인이라 할 수 있다. 지식은 힘이다. 따라서 지식의 보유자는 조직 내에서 그들의 영향력을 강화시키기 위한 수단으로써 정보와 지식을 공유하지 않는다. 따라서 그들에게 명확한 혜택이 주어지지 않으면 지식을 공유하지 않을 것이다. 이것은 조직 전체에 엄청난 해를 끼친다. 만약 이런 일이 있을 경우, 조직은 명확하고 강력한 조치를 취해야 한다. 즉 지식공유만이 단지 조직내에서 받아들여질 수 있는 행위라는 관념을 끊임없이 조직구성원에게 인식시키는 것이다. 역으로 지식공유를 끊임없이 행동으로 보여 주는 사람은 진급과 보수에 보상을 주어야 할 것이다.

❷ 경제적 장벽

어떠한 프로그램도 희소자원을 둘러싸고 경쟁하게 마련이다. 한 프로그램의 성공은 다른 프로그램의 비용을 지불하고 성취되는 것이다. 이러한 경쟁환경에서는 개인적 프로그램의 성공은 진급과 보상에 직결된다. 하지만 이것은 부정적인 영향을 끼칠 수 있다. 사람은 조직내에서 그만이 유일하게 지식을 가지고 있어, 프로그램을 성공시키면 진급이나 보상을 받을 수 있다고 느끼기 때문이다. 이럴 경우 이들은 지식을 공유하기보다는 지식의 보존을 원할 것이다.

❸ 과정장벽

자식을 공유할 메커니즘이 존재하지 않으면, 즉 지식을 공유하기 위한 능력이나 도구를 쉽게 이용할 수 없으면 지식공유가 제대로 이루어질 리가 없다.

사람은 정상적인 업무의 부산물이 아니라, 부가적인 부담으로 인식하는 경우 지식공유를 위해 노력하지 않게 된다. 즉 지식획득이 어떤 지식 서류를 만든다거나 그러한 지식을 다른 형태의 지식으로 만드는 데 시간을 보내게 되면, 누구도 바쁜 업무시간에 그런 여분의 일을 하지 않을 것이다.

지식이 그것을 필요로 하는 사람이 누구든지, 언제, 어디에서, 어떻게 필요로 하는지 간에 이용가능하도록 만들어야 한다. 이것이 이루어지지 않으면, 지식 그 자체는 급속하게 효과를 상실하게 된다. 대규모 조직의 경우, 사람은 서로를 잘 모른다. 대인관계의 결핍은 제공받는 지식의 타당성과 정확성을 평가하기가 어렵다.

믿음과 신뢰가 없을 경우, 사람은 그들이 서로 잘 알고 신뢰하는 사람과의 소규모 네트워크를 통해서만 지식을 얻는다. 이것은 전 조직의 지식공유를 상실시킨다. 지식공유를 시행하기 위해 가장 중요한 조치는 전 조직 내에서 지식공유의 지지문화를 발전시키는 것이다. 이러한 노력은 국방부 획득실이나, 아니면 신설되는 방위사업청부터 먼저 하는 것이 좋을 것이다.

지식공유의 장벽을 찾아내고, 그것을 극복하며, 지식공유의 혜택을 창출해야 한다. 지식공유를 많이 하는 사람에게는 경제적인 인센티브를 제공하고, 특별한 분야에 지식전문가로 인정해 주고, 조직발전에 가장 도움이 되는 사람도 동료가 갈채를 보내도록 할 수 있는 노력이 필요하다.

> 획득관리는 지식으로부터 시작되는 것이다. 지식은 핵심역량이다. 만약 획득인력이 다른 인력과 지식을 공유하지 않으면, 과거와 똑같은 실수를 반복하게 될 것이다. 한 마디로 핵심역량을 증진시킬 수 있는 기회를 놓쳐 버리고 말 것이다.
>
> 출처: 김종하, 『미래전쟁과 국방획득: 한국군 무엇을 준비해야 하나』(서울: 책이된 나무, 2002), pp. 129~133.

1.3. 자원균형

자원균형이란 자원을 둘러싸고 경쟁하는 주요 획득 프로그램 목표 사이, 또는 내부에서의 균형조건을 의미한다. 비용, 일정, 성능소요의 달성은 시간, 인력, 시설 그리고 돈을 사용하는 것이다. 이것은 대부분 제한적 성격의 것이다. 독립변수로서의 비용(CAIV)을 적용하는 방법은 자원균형의 달성촉진에 크게 도움이 된다. 물론 균형의 정도는 직접적으로 측정하기는 어렵지만, 목표충족 과정의 위험측면에서 충분히 평가될 수 있을 것이다. 균형된 프로그램이란 것은 어찌 보면 모든 위험이 대략 균등함을 의미한다.

프로그램 관리자는 가끔 상충되는 요구를 제시하는 고위층 수준의 압력에 항상 대응할 준비가 되어 있어야 한다. 이를 위해서는 다음과 같은 목표를 항상 고려하면서 전략을 마련해야 한다. 획득주기를 단축시키고, 작전실험은 최소한으로 유지하며, 높은 수준의 성능 및 준비상태가 반드시 달성될 수 있도록 해야 한다.

그러나 프로그램 관리자가 반드시 명심해야 할 중요한 사실 한 가지는 어떤 하나의 목표(예: 비용감소)에 지나친 강조는 다른 목표(예: 성능, 일정)

를 달성할 수 있는 기회를 위험에 빠뜨리게 할 수 있다는 것이다. 각 목표를 위한 우선순위와 관계, 위험, 소요자원을 충분히 이해하고 있어야만 사용자, 계약업체, 국방부 등의 변화요구 압력에 효과적으로 대처할 수 있는, 즉 논리를 정당화시킬 수 있는 전략을 개발할 수 있게 될 것이다.

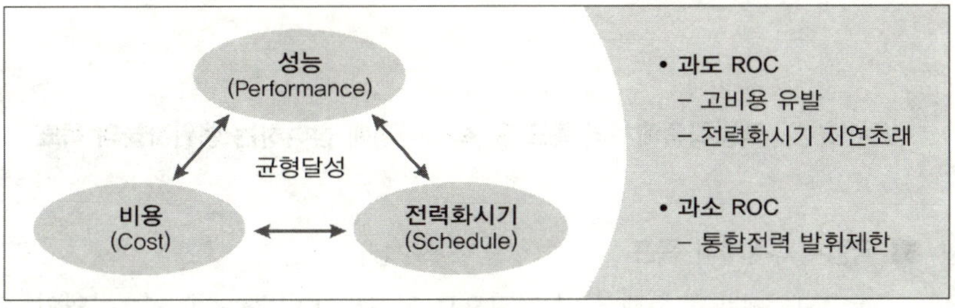

• ROC(Required Operational Capability): 군사작전 목표를 달성하기 위해 설정한 획득 무기체계의 운용개념을 충족시킬 수 있는 성능수준과 능력을 의미하는 것으로 소요제기 단계에서 준비된다.

〔그림 2-2〕 성능, 비용, 일정(전력화시기) 간의 관계

편협성(parochialism)은 자원균형의 주요 압력요인 중 하나이다. 프로그램 관리자가 프로그램 전체의 성공을 보장받기 위해 할 수 있는 한 모든 적법한 수단을 강구해야 하듯이, 기능관리자(funtional managers) 역시 각자의 기능적 분야에서 같은 전제에 따라 행동해야 한다. 사용자는 항상 최고성능의 무기체계 및 장비를 가능한 한 빨리 획득해 주기를 바라며, 예산관련부처는 비용절감을 원하며, 계약자(방산업체)는 기술개발상의 위험도를 낮추기 원하는 데 관심이 있다는 사실을 알아야 한다.

바로 이러한 이유 때문에 통합생산팀은 자원균형을 달성하는 데 도움이 되는 방향으로 설계되어야 한다. 통합생산팀을 만들어 활용하는 것, 또는 그 존재이유는 어떤 의미에서 바로 이러한 자원균형을 맞추기 위해서라고 해도 과언이 아니다. 이와 더불어 외부 상황은 균형에 심대한 영

향을 미칠 수 있다. 환경문제의 대두, 연료부족으로 인한 에너지의 관심, 그리고 경제여건에 따른 재원축소 등을 예로 들 수 있을 것이다.

그리고 임무소요와 목표의 우선순위를 이해하는 것은 균형을 달성하는 데 있어 주된 요인이다. 자원은 반드시 수용가능한 위험범위 내에서 요구되는 능력수준을 달성할 수 있도록 합리적으로 잘 배분되어야 할 것이다.

│보충설명│ 국방획득체계의 목표 및 획득과정에 참여하는 행위자들의 목표

■ 국방획득체계의 목표

국방획득체계를 통해 군이 진정으로 달성하고자 하는 목표는 무엇인가? 달성하고자 하는 목표는 무수히 많겠지만, 이 가운데 몇 가지 핵심적인 요소만 지적해 보면 다음과 같다.

1 성능우위

적이 보유한 것보다 성능이 뛰어난 무기체계를 획득하려는 욕망은 크게 두 가지 원천에서 제기된다.

첫째 잠재적인 적이 부과하는 특별한 군사적 위협에 대처하기 위해 전략적 대응력과 전술적 기민성을 강화하려는 욕망(현실적 욕망)

둘째 잠재적인 적에 대한 전장에서의 우위를 달성하는 데 필요한 무기체계를 획득하려는 욕망(이상적 욕망)

2 비용절감

무기체계의 획득비용이 적게 들수록 양적으로 더 많은 무기체계를 획득할 수 있고, 또한 후속군수지원을 위한 비용, 특히 수리부속 부품이나 기타 필수 긴요장비를 도입하는 데 필요한 비용을 마련하는 데 요긴하게 사용할 수 있다. 이런 점에서 비용절감은 제한된 국방재원의 관점에서 볼 때, 대단히 중요한 목표라 할 수 있다.

❸ 획득주기의 단축

군이 작전을 위해 보유할 만한 가치가 있는 무기체계는 즉시 획득하는 것이 전략적 · 작전적 · 전술적 효용가치를 증대시킨다. 획득주기가 길수록 무기체계의 비용은 증가하게 된다. 획득주기 그 자체가 바로 돈이다.

❹ 위험감소

획득과정에서 구체적인 획득 프로그램의 불안정성을 완화, 또는 감소시킬 수 있는 능력을 구축하여 무엇인가 잘못될 수 있는 가능성을 감소시키는 것이 중요하다. 이것은 갑자기 주계약업체를 변경하거나, 무기체계의 기종변경 위험을 방지하기 위해 꼭 필요한 목표라 할 수 있다.

❺ 통제강화

대통령 및 국회 국방위원회 소속의원이 획득과정에서 일어날 수 있는 문제에 적절한 주의, 또는 경고를 하고, 문제를 개선, 또는 해결하기 위해 의사결정에 개입하는 수단을 가질 수 있도록 허용하는 것이다. 예를 들어 미사일 소유를 육군이 하는가, 공군이 하는가의 문제가 발생할시, 적절히 개입하여 조정해 주는 것을 들 수 있을 것이다.

❻ 통합과 상호운용성의 증대

특정의 단일군(예: 공군)에 의한 무기체계의 획득은 반드시 타군(예: 육군, 해군)의 무기체계와 군사적 · 기술적으로 상호작용할 수 있어야 한다. 즉 상호운용성을 가질 수 있도록 해야 한다. 이것은 육 · 해 · 공군 간의 통합전력을 극대화하기 위해서, 그리고 무기체계 획득시 각군 간의 중복투자를 방지하기 위한 예산의 효율적 사용을 위해서 절대적으로 필요한 목표이다.

▣ 방위산업의 육성

방위산업의 사업성을 지속적으로 보장하고, 미래에 필요한 무기체계와 장비를 연구개발, 생산할 수 있는 기술적 기반(토대)을 방위산업체가 갖출 수 있도록 보장하는 것이다.

⑧ 공평성 · 투명성 · 정당성의 확보

국방획득 의사결정과정에 참여하는 행위자 모두는 공평하게 대해야 한다(공평성). 또한 국방획득사업은 그 본질상 국가의 주요한 공공정책 프로그램이기 때문에, 그 의사결정과정이 투명해야 하며(투명성), 모든 결정과 절차는 관련 이해관계자 뿐만 아니라 납세자와 그 대표기관인 국회가 획득사업 자체의 정당성을 분명히 보장해야만 한다(정당성).

⑨ 사회경제적인 파급효과의 증대

국방획득은 사회경제적인 파급효과(예: 민군겸용 기술개발 및 기술이전)가 큰, 즉 국가이익을 극대화할 수 있는 방향으로 이루어져야 한다.

국방획득체계를 통해 달성하려는 주요한 목표는 지금까지 언급한 아홉 가지 요소가 대표적이다. 그러나 국방획득체계는 그 본질상 서로 경쟁하며 가끔씩 모순적인 이런 목표 사이의 상쇄를 획득과정에서 보이게 된다. 왜냐하면 획득과정에 참여하는 행위자는 국방획득체계가 상정하고 있는 목표 가운데 한두 가지만을 우선순위로 설정하여, 그 목표만을 달성하려는 개인적 이해가 있기 때문이다. 이를 구체적으로 살펴보면 다음과 같다.

■ 획득과정에 참여하는 행위자의 목표

획득과정에 참여하는 행위자가 가장 가치를 두는 목표, 또는 우선순위는 무엇인가? 물론 이러한 가치는 매우 주관적이고 또한 각 행위자가 그것을 엄밀하게 정의하여 외부적으로 표출하는 것이 그리 쉽지 않다. 그러나 일반적인 관점에서 볼 때, 획득과정에 참여하는 행위자가 가장 가치를 두는 목표는 다음과 같다.

❶ 방위사업청

획득과정에서 발생할 수 있는 위험 — 무기체계의 비용초과, 성능결함, 도입지연 —을 가능한 한 최소화하고, 모든 획득 프로그램이 소요제기 및 결정시에 수립된 목표달성을 위해 똑바로 나아가도록 하는 데 있다.

특히 방위사업청 내 사업관리자의 최고가치는 획득사업을 효율성(비용), 효과성(목표달성), 그리고 책임성(국가이익)의 맥락에서 성공적으로 관리하는 것이다. 왜냐하면 획득사업의 성공과 실패 여부는 그들의 명성과 불명예, 그리고 진급 등에 지대한 영향을 미치기 때문이다.

❷ 합 참

육·해·공군 간의 통합전력을 극대화할 수 있는, 상호운용능력이 뛰어난 무기체계를 획득하는데 주된 관심이 있다.

❸ 소요군(육·해·공군)

소요군의 최고가치는 요구성능(Required Operational Capability: ROC)을 충족시키는 무기체계를 그들이 원하는 시기에 획득하는데 있다. 소요군에게 획득비용이나 기술이전과 같은 요소는 사실 부차적인 문제일 뿐이다. 왜냐하면 이러한 문제는 무기체계를 야전에서 실제로 사용했을 때, 그것이 성능발휘를 제대로 하지 못해 군사전략적 효용가치를 우선적으로 인정받지 못할 경우 아무 소용이 없기 때문이다.

❹ 국회 국방위원회

획득 프로그램에 투입되는 예산이 효율적으로 사용되고 있는가(효율성의 관점), 소요군의 작전요구를 충족시킬뿐만 아니라(효과성의 관점), 사회경제적 파급효과(예: 기술이전을 통한 기술개발능력 향상)와 같은 국가이익을 극대화할 수 있는 무기체계를 도입했는가(책임성의 관점)와 같은 문제에 주로 관심을 기울인다.

5 방위산업체

방위산업체가 표명하는 최고가치는 두 말할 나위없이 이윤을 극대화하는 데 있다. 특히 이들은 각종 획득 프로그램에 참여하여 가급적 많은 이윤을 남김으로써 그 방위산업체의 기반을 계속적으로 유지하는 데 지대한 관심을 가지고 있다. 바로 이러한 이유 때문에 방위산업체는 가급적 국회, 감사원, 국방부, 그리고 소요군(육·해·공군)으로부터의 경영간섭을 최소화하는 데 관심을 가지게 되는 것이다.

출처: 김종하, 『무기획득 의사결정: 원칙, 문제 그리고 대안』(서울: 책이된 나무, 2001), pp. 242~244.

| 보충설명 | **무기체계 획득을 둘러싼 효율성과 책임성의 질문**

효율성

무기체계 획득을 둘러싼 효율성 문제는 주로 국가안보와 국방·군사 정책 목표, 그리고 군의 작전능력을 극대화하는 데 필요한 무기체계를 소요군이 원하는 기간(시기) 내에 최소비용으로 획득하였는가라는 질문을 제기할 때 등장하게 된다. 이러한 효율성 질문은 주로 두 가지 원천에서 제기된다. 그 가운데 하나는 기회비용(opportunity cost)의 문제이고, 다른 하나는 효과성(effectiveness)의 문제이다.

기회비용의 문제는 무기체계를 획득하는 데 과도하게 투자되는 비용은 상대적으로 사회복지, 교육, 그리고 산업인프라스트럭처를 건설하는 데 들어가는 비용손실, 또는 축소를 초래함을 제기할 때 등장하게 된다. 반면 효과성의 문제는 무기체계 획득 프로그램이 과연 군의 실질전력을 증강시킴으로써 군의 준비태세, 더 나아가 국가의 총체적인 방위능력을 향상시켰는가라는 질문을 제기할 때 등장하게 된다.

무기체계 획득에서 효율성을 강조하는 주된 이유는 무엇인가? 이는 무기체계 획득을 둘러싸고 파생되는 예산낭비를 제거하고, 무기체계 획득에 들어가는 비용을 감소시킴으로써 이른바 돈의 가치를 증대시키기 위해서이다. 이를 위해서는 비용의 정확한 데이터구축이 필수적이다. 이는 비용대 효과에 기초한 자원관리 결정을 위해 필수적이다. 충분한 비용데이터가 없는 경우 정책결정자는 비효율적인 관행을 식별하는 것이 곤란하여 재원배분에 대해 최선이 아닌 결정을 본의가 아니더라도 내릴 수 있게 된다. 그러나 충분한 비용데이터에 기초하여 무기체계 획득의 효율성을 달성하였다 할지라도 불공평한 분배를 유발하였다면 그러한 성공은 일시적인 것에 지나지 않는다. 육·해·공군 간의 불공평한 분배로 말미암은 군 응집력의 상실이나 사기저하는 군사력 증강 그 자체마저도 위태롭게 만들 수 있기 때문이다. 바로 여기에서 공평성의 질문이 제기된다.

공평성(형평성)은 각군에서 필요로 하는 무기체계의 정도에 비추어 재원배분이 공평한지 아닌지를 가늠하는 것이다. 각군이 무기체계 획득시 재원배분에서 공평한 대우를 받고 있다고 느낄 때, 비로소 최고수준의 준비태세, 즉 육·해·공군 간의 통합전력발휘에 토대를 둔 준비태세를 구축할 수 있다. 따라서 무기체계 획득시 다양한 정책적(정치적) 배려를 통해 효율성과 공평성의 상쇄를 조화롭게 이룩할 수 있도록 노력하는 것이 절대적으로 필요하다.

요약하면 효율성의 주장은 무기체계 획득시 주어진 예산으로 단순히 무기체계, 그 자체만을 획득하는 것이 아니라, 국가재정의 효율성 측면에서 국가적 파급효과가 큰 방법을 선택해야 한다는 것을 강조할 때 제기된다.

따라서 효율성의 의미는 국방예산이 비용–효과적으로 사용되었는지에 매우 기술적인(technical), 또는 전문적·경험적인 질문이라고 할 수 있다.

책임성

책임성 문제는 특별한 무기체계의 선택을 이끌어가는 의사결정과정의 단계마다 국가가 설정한 국가안보와 국방·군사정책, 그리고 과학기술정책 목표에 부합하게 특정된 무기체계를 획득하기 위해 노력했는가의 설명을 요구할 때 제기된다. 또한 무기체계 획득관련 법규나 규정 등을 특별한 무기체계의 선택을 이끌어가는 의사결정단계에서 올바르게 준수함으로써 예산남용과 비리(부패)를 방지하려고 노력했는가를 밝히고자 할 때 종종 제기되기도 한다.

무기체계 획득에서 이런 책임성을 강조하는 이유는 무기체계 획득이 국가이익에 부합되는 방향으로, 그리고 법규적, 도덕적 가치를 추구하는 방향으로 이루어져야 한다는 점을 강조하기 위해서이다. 책임성의 질문은 무기체계 획득 의사결정과정에 참여하는 행위자의 개인적인 편의, 또는 이해관계에 따라 저버리거나, 어떤 상황이나 정치적 고려에 의해 달라질 수 없는 행위자의 도덕이나 윤리기준이며, 또한 그들의 의사결정 또는 선택행위를 판단하는 내적 기준·지침이 되는 것이다.

특히 무기체계 획득관련 규정이나 법규와 같은 제도는 개인과 조직의 정책행위를 통제하는 규칙일 뿐만 아니라, 무기체계 획득을 둘러싼 정책행위자와 이해관계자간의 정책조정과 협상을 가능하게 하는 기준으로 작용하게 된다. 이러한 제도에 기초한 절차는 무기체계 획득 의사결정과정의 투명성을 증대시키고 바람직한 의사결정과 선택결과를 산출할 수 있는 토대가 된다. 여기에서 투명성이 중요한 이유는 무기체계 획득에서 내부투입(within-inputs)과 정치적 카르텔(political cartel)의 형성에 관련된 문제 때문이다.

내부투입이란 무기체계 획득 정책결정자 스스로가 무기체계 획득요구의 진원지가 된다는 의미이다. 즉 그들이 무기체계 획득정책의 주요 의제 설정자가 됨으로써 그들 스스로 위기조성과 조작을 통해 군사안보적인 위협문제를 제기하고, 이러한 문제해결을 위한 대안으로 특정의 무기체계를 요구할 수도 있다는 것이다. 또한 정치적 카르텔이란 정책결정자와 이해관계자가 그 자신의 이익을 극대화하기 위해 서로 단합하여 다른 행위자에게 불리하도록 부당하게 제도를 조장하고 경쟁을 원천적으로 봉쇄하여, 민주적 의사결정과 선택 행위를 방해함을 의미한다. 특별한 무기체계의 선택을 이끌어가는 의사결정과정이 투명하지 못할 경우 이 정책행위자들은 원칙이 아닌 자기네의 사고방식이나 기준에 따라 의사결정과 선택행위를 하게 되는 무책임성의 문제를 발생시키게 된다. 이런 점에서 볼 때, 무기체계 획득 의사결정과정의 투명성은 매우 중요하다고 할 수 있다.

무기체계 획득에서 책임은 무겁고 선택은 어려운 것이 사실이다. 그러나 만약 정책행위자가 무기체계 획득시 이러한 책임성에 관련된 질문을 무시하게 되면, 국가의 가장 근본적인 의무, 즉 군사적으로 나라를 보호하는 의무가 아주 무책임하게 되어 비극을 초래할 잠재성이 매우 높기 때문에 책임성에 관련된 질문은 대단히 중요하다고 할 수 있다. 이런 점에서 볼 때 책임성 질문은 매우 규범적인(normative) 질문이다.

그러나 대부분의 무기체계 획득 프로그램은 효율성과 책임성의 문제를 다 가지고 있다. 그 이유는 효율성이 떨어지는 무기체계 획득은 책임성의 문제를 드러낼 수밖에 없고, 또한 책임성을 무시하여 획득한 무기체계의 경우에는 효율성에 문제를 드러낼 수밖에 없기 때문이다.

따라서 경험적으로 볼 때, 무기체계 획득 의사결정체계의 이상형 모델(ideal-type model), 또는 합리성 모델(rationality model)을 구축하는 것은 대단히 어려운 과제인 것이다. 국가이익과 같은 규범적 조건과 자원의 효율적 배분과 같은 경험적 조건 둘 다를 동시에 만족시킬 수 있는 완벽한 무기체계 획득 의사결정체계를 구축하는 것이 현실적으로 어렵기 때문이다. 그럼에도 불구하고, 무기체계 획득 의사결정체계의 이상형 모델에 가까이 다가가기 위해 최선의 노력을 다해야 한다.

출처: 김종하, 『무기획득 의사결정』, pp. 36~41.

1.4. 유연성(융통성)

유연성은 자원소요의 중대한 변화 없이 수용될 수 있는 변화 및 실패를 완화하는 것과 관련된 획득전략의 주요한 특징 가운데 하나이다. 접근에 어떠한 변화도 허용하지 않는 전략은 매번 이슈(issue), 또는 문제가 발생할 때마다 곤란에 처할 가능성이 높을 것이다. 앞에서 언급한 다른 특징과 마찬가지로 유연성 역시 계량화할 수 있는 수단은 사실상 없다. 한 가지 유용한 분석접근으로 들 수 있는 것은 "만약…이라면?(what-if)"이라는 우발계획, 또는 위기대응계획(contingency plan: 계획을 실행하면서 예상되는 위기를 점검해 두는 것) 형태의 분석접근이다. 다음과 같은 질문을 예로 들 수 있을 것이다.

- 만일 한 개발업체(방산업체)가 중도에 손을 뗀다면?
- 만일 X, Y, Z 부품의 기술개발이 실패한다면?
- 만일 새로운 기술이 실용화된다면?
- 만일 국회가 프로그램 예산을 15~30% 정도 삭감해 버린다면?
- 만일 유일한 능력을 가진 계약업체가 첨단 무기체계 및 장비개발에 필요한 시설 및 설비를 현대화하지 않고 버틴다면?
- 만일 어떤 활동이 계획보다 6개월 이상씩이나 지연된다면?

이와 같은 질문을 제기함으로써, 프로그램 관리자는 목표를 충족시키는 데 필요한 대안적 접근을 마련하는 데 필요한 조치, 그리고 유연성이 요구되는 영역을 식별하는 것이 어느 정도 가능하게 될 것이다.

획득 프로그램에서 가장 예측이 가능한 요인 가운데 하나가 바로 변화이다. 이 때문에 유연성은 프로그램 관리자가 변화에 대처하는 것을 가능하게 하는 대단히 중요한 요인이다. 그것은 굽히더라도 최소한 부러지지 않게 하기 위해 반드시 필요한 특질이다. 유연성이 없을 경우에는 프로그램의 균형이 깨지기 쉬우며, 불안정이나 비현실적 접근, 부족한 자원할당, 그리고 용납할 수 없는 관리상의 문제를 야기시키게 된다.

안정성 논의에서도 지적했듯이, 프로그램 관리자는 획득전략이 앞에서 언급된 모든 주요 영역에 걸쳐 성공적 성취를 향해 나아갈 수 있도록 강한 의지와 인내심을 가지고 있어야 한다. 그러나 이것이 변화나 실패를 수용하지 못할 정도로 경직된 접근방식을 취해야 한다는 뜻은 분명히 아니라는 사실을 강조하고 싶다. 변화나 실패가 예상될 수 있는 영역을 식별하고 이에 대비할 수 있는 방안을 마련하는 것은 훌륭한 전략기획이 갖춰야 할 주요 특성 가운데 하나이다. 일반적으로 획득 프로그램이 변화(또는 진화)하는 가장 직접적인 이유는 소요변화 때문이다. 그러나 위협변화, 새로운 임무, 기술향상, 부품쇠퇴, 정치적 개입, 자금삭감 등도 프로그램 변화에 영향을 끼치는 요인이다.26)

아무튼 충분한 유연성을 가진 전략을 개발하는 첫 단계는 변화 및 실패가 충분히 발생할 수 있는 영역을 식별해 내는 것이다. 물론 모든 것을

---

26) Kenneth Farkas, "Evolutionary Acquisition Strategies and Spiral Development Processes: Delievering Affordable, Sustainable Capability to the Warfighters-Acquisition Processes, "*ProgramManager* (July-August, 2003), http://findarticles.com/p/articles/mi_m0KAA/is_4_32/ai_111202133.

다 식별한다는 것은 현실적으로 불가능하다. 그러나 변화 내지 실패가능성이 20~30% 이상으로 평가되는 영역의 대처방안을 전략에서 고려하는 것이 유연성을 증가시키는 데 도움이 되는 접근이 될 것이다.

프로그램의 유연성을 달성하는 데 도움이 되는 몇 가지 방법을 제시해 보면 다음과 같다.27)

첫째, 사용자 또는 사용자 대표와 긴밀히 협력하면서 진화적 (evolutionary) 소요창출을 이루어야 한다. 이는 소요문서(예: 전력소요제기서) 내용의 유연성을 보장하면서 상쇄가능성에 잠재력을 강화시킬 것이다. 소요유연성을 발전시키기 위해서는 기능적 전문가팀을 구성하여 소요를 발전시키는 것이 도움이 될 것이다. 기술, 생산성, 지속성, 상호운용성, 가용성 그리고 시험평가 이슈는 소요창출과정에서 일찍 이해되어져야 하기 때문이다. 이런 기능적 전문가들과의 긴밀하고 지속적인 커뮤니케이션은 요구능력이 달성가능하고, 성능지표가 현실적이며, 시스템이 초기획득 및 총비용 모두의 관점에서 수용가능하다는 것이다. 소요분석가는 체계의 수명주기 각 단계에서 비용감소 조치를 고려하고, 혁신적인 기술, 공학, 제조, 지원 그리고 훈련을 사용함으로써, 비용을 감소시키는 방법을 찾아야 한다.

둘째, 계약은 불확실한 영역에서 요구되는 유연성을 제공하기 위해 작성될 수 있으며, 정부와 계약업체 양측의 변화에 따른 잠재적 위험부담을 줄일 수 있다.

셋째, 이상적으로는 획득전략과 지원계획은 불가피한 인적 이동도 수용할 수 있도록 충분한 유연성을 가져야 하며, 신임 프로그램 관리자에게 전술적 진행절차에서의 변화하는 선호를 허용할 수 있도록 해야 한다.

---

27) DSMC, *Acquisition Strategy Guide*, p. 2-5.

넷째, 일반적으로 프로그램 관리자는 자금조달이 시작되는 시점에 모든 자원을 확고하게 배분해서는 안 된다. 일부 배분되지 않는 자금의 유지는 자금조달의 유연성 정도를 제공한다.

다섯째, 기술영역에서의 높은 위험부담과 불확실성의 기술영역에서 잘 알려진 새롭게 부상하는 기술로부터의 변화에 대처하기 위한 좋은 방식이 사전 계획된 제품개선(P3I) 접근방식이다.

여섯째, 각 체계 수명주기비용(LCC)의 60% 정도는 군수지원상의 고려에, 그리고 30% 정도는 생산과정상의 고려에 들어간다. 각각의 설계는 반드시 성능, 생산가능성, 그리고 군수지원사이의 최적균형을 반영할 수 있도록 해야 한다.

일곱째, 진화론적 획득(Evolutionary Acquisition: EA)은 무기체계, 그리고 자동화 정보체계의 개발에 적용될 수 있는 효과적인 대안적 접근이다. 그것은 점진적 개발과정을 통해 작전적 소요(ORs)[28]를 달성하기 위한 지원전략과 더불어 핵심체계(주요 운송체나 플랫폼)의 개발을 위한 계획을 포함한다.

│보충설명│ **진화론적 획득, 나선형 개발 및 기계획된 제품개선**

진화론적 획득(Evolutionary Acquisition: EA) 및 나선형 개발(Spiral Development: SD)은 획득주기를 단축시키고, 전투원에게 고등능력의 전달촉진을 가능하게 하는 방법이다. 이 접근은 하드웨어와 소프트웨어 모

---

28) 작전적 소요(Operational Requirements: ORs)는 임무분야의 결함, 진화하는 위협, 부상하는 기술, 무기체계의 비용상승 등에 대처하기 위해 개발된 사용자 또는 사용자 대표가 만든 타당한 요구를 말한다.

두에 입증된 기술을 개발하고 야전에 배치시키기 위한 것이다. 진화론적 획득과 나선형 개발은 시간이 지남에 따라 새로운 기술과 능력의 삽입을 허용한다.

이 접근은 능력에서 지속적인 개선을 제공하면서, 전투원에게 재빨리 고등기술을 얻도록 하는 가장 좋은 수단을 제공한다. 진화론적 획득과 나선형 개발은 사전 계획된 제품개선(P3I)과 유사하지만, 그것은 조금 이른 전달(delivery), 기민성(agility), 가용성(affordibility), 그리고 위험감소(risk reduction)를 위한 상쇄로서 완전한 소요(full requirement)에 미치지 못하는 초기능력을 전투원에게 제공하는 데 초점을 둔다.

■ 진화론적 획득

진화론적 획득은 작전능력의 소프트웨어 증분(increment), 또는 블록(block)의 초기 소프트웨어를 정의·개발·생산·획득하여 야전에 배치하는 획득전략이다. 그것은 적절한 환경, 시차별 소요, 그리고 입증된 제고 및 소프트웨어 배비능력에서 충분히 입증된 기술에 토대를 둔다.

이러한 능력은 대단히 짧은 시간에 제공될 수 있으며, 시간이 지남에 따라 뒤이어 개선된 기술을 받아들이고 완전하고 적응력이 있는 체계를 고려하는 능력증분이 잇따른다. 각 증분은 사용자에 의해 규정된 군사적으로 유용한 능력을 충족시킬 것이다. 그러나 첫 증분은 바람직한 최종능력의 단지 60~80% 정도만을 제시할 것이다.

■ 나선형 개발

나선형 개발방법은 하나의 증분 내에서 능력의 규정된 세트(set)를 개발하기 위한 반복적인 과정이다. 이 과정은 사용자, 시험자, 그리고 개발자 사이의 상호작용을 위한 기회를 제공한다. 이 과정에서 소요는 실험 및 위험관리를 통해 세련되게 된다. 지속적인 환류(feedback)가 있으며, 사용자는 점증 내에서 가능한 한 최상능력을 제공받게 된다. 각 점증은 수많은 나선형을 포함할지도 모른다. 나선형 개발은 진화론적 획득을 집행한다.

❸ 증분 또는 블록

증분 또는 블록은 효과적으로 개발·생산·획득·배비되고 지속될 수 있는 군사적으로 유용하고, 지원가능한 운용능력이다. 능력의 각 점증은 사용자가 설정한 그 자체의 목표치와 최저치 수준을 가지고 있다.

❹ 사전 계획된 제품개선(P3I)

사전 계획된 제품개선은 성숙된 체계에 개선된 능력을 제공하는 전통적인 획득전략이다.

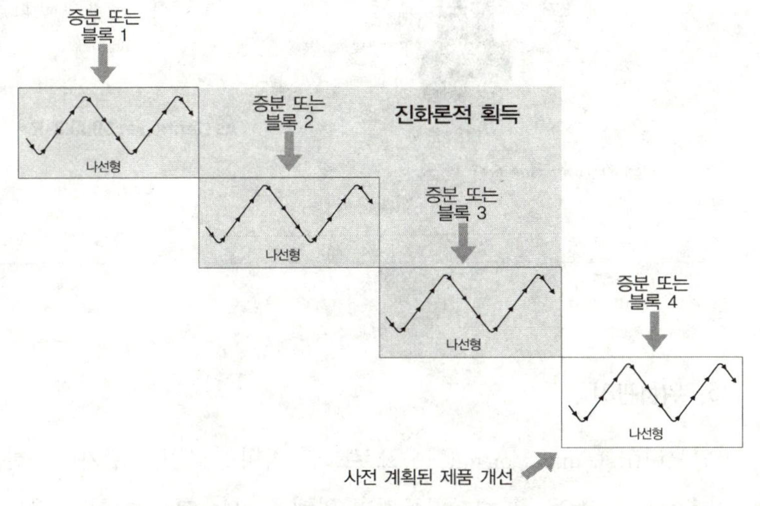

[그림 2-3] 진화론적 획득, 나선형 개발 및 P3I

출처: Skip Hawthorne and Ramona Lush, "Evolutionary Acquisition and Spiral Development," *The Journal of Defense Software Engineering*, August 2002, p. 14(online).

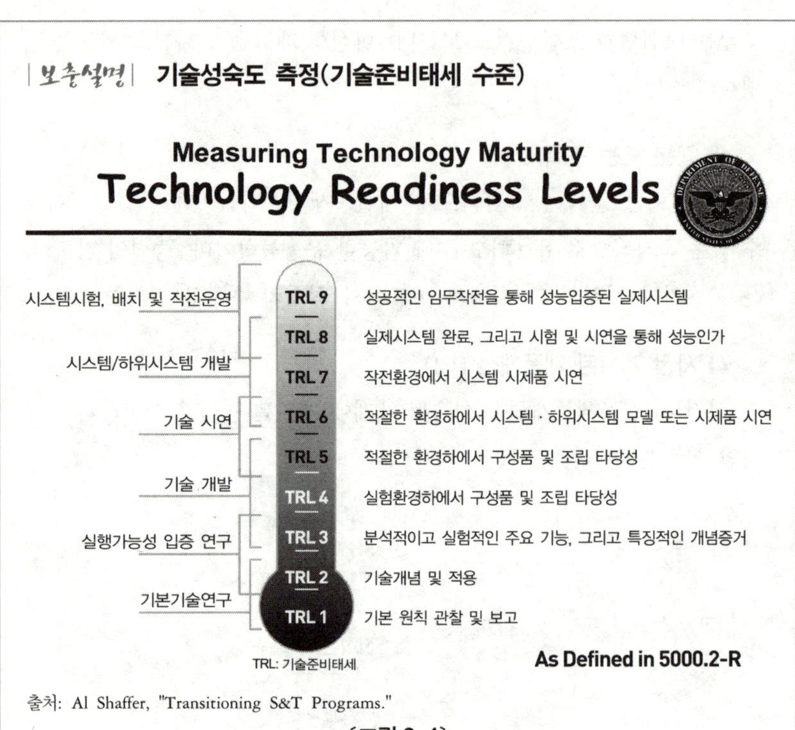

〔그림 2-4〕

1.5. 위험관리

위험관리(risk management)는 프로그램 위험을 식별·평가·완화하고, 지속적으로 축적·통제·기록하기 위해 취하는 모든 계획과 행동을 말한다. 위험관리는 위협, 비용, 일정, 성능 목표를 위협하는 불확실성(uncertainty)[29] 요소를 식별하는 것과 관련된 획득전략의 특질이다. 이

---

29) 이런 불확실성을 관리하기 위한 옵션사용에 관해 논의한 글로는, B. Kagan Ceylan

것은 명시적인 제약의 한계 내에서 그런 불확실성을 가장 잘 다루기 위한 행동개발 및 집행에 관련된 것이다. 모든 프로그램은 비용·일정·성능 목표의 실패를 초래할 수 있는 불확실성을 가지고 있다고 보아야 한다.

사실 획득위험의 근원이란 것은 어찌 보면 프로그램 관리자에게는 밑도 끝도 없는 것으로 비춰질 수도 있을 것이다. 그러나 그것을 단순화해서 살펴보면 내부적·외부적 요인으로 크게 범주화할 수 있다.

외부적 위험은 보통 프로그램 관리자의 통제권이 미치지 못하는 외부적 요인으로 인해 발생하는 것이다. 그것은 가끔 프로그램의 한계를 규정하는 소요 및 제약 요인과 관련되는데, 그것을 살펴보면 다음과 같다.

첫째, 위협에서의 변화나 처음부터 논리적으로 빈약하게 규정된 소요는 프로그램 성능 목표를 재정의하도록 만든다.

둘째, 획득전략은 특정 수준의 재원조달의 가정에 토대를 두고 개발되는 것이다. 자금조달 수준의 심대한 변화는 프로그램의 축소, 성능의 감소, 그리고 최악의 경우에는 프로그램의 백지화까지 야기시킬 수 있다.

셋째, 계약업체(방산업체): 파업이나 재정상의 어려움과 같은 사건이 계약업체의 기능수행에 영향을 줄 때 프로그램에 부정적인 효과를 불러일으키게 된다.

넷째, 프로그램 관리자는 국방부, 국회 등으로부터 비용과 일정에 제약을 가하는 지침을 받게 될 수 있으며, 이는 프로그램 목표를 충족시키는 위험을 크게 증가시키는 요인으로 작용할 수도 있을 것이다. 따라서 프로그램 관리자는 이처럼 프로그램에 위험을 가할 수 있는 방식, 근원, 그리고 범위 등을 충분히 인지하고 있어야 한다. 간단히 말해 프로그램

---

and David N. Ford, "Using Options to Manage Dynamic Uncertainty in Acquisition Projects," *Acquisition Review Quarterly*, Vol. 9, No. 4 (Fall 2002) 참조.

관리자는 정치가 결코 논리를 따를 것이라고 가정해서는 안 되는 것이다.[30)

다섯째, 획득주기 이내의 핵심사건 중 일어난 기상재해, 지진, 화재 등도 프로그램 관리자 통제권 밖의 문제이다.

내부적 요인은 프로그램 관리자가 직접 통제할 수 있는 성격이다. 이 것은 프로그램 담당실내에서 결정되는 것에 따르는 것으로, 획득전략이 개발 또는 갱신될 경우 비용, 일정, 성능, 그리고 기술적 접근에 영향을 주는 사업관리본부 내에서 만들어지는 결정에서 주로 유래하게 된다. 여기에는 다음과 같은 요소가 있다.

첫째, 제대로 정의되지 못하거나 수시로 바뀌게 되는 소요는 프로그램의 위험을 초래하게 된다. 특히 이런 위험은 1년마다 새로운 기술로 대체되는 소프트웨어 개발분야에서 두드러지게 나타난다(〔그림 2-4〕 참조).[31) 소프트웨어 기술의 표준화작업은 이 같은 부담이 가져오는 위험을 줄이는 데 도움이 된다. 사실 소요관리는 소프트웨어뿐만 아니라, 모든 제품을 위한 개발과정에서 중요한 부분이기 때문에 소요관리 기법을 발전시키는 것은 대단히 중요하다.[32)

---

30) 국방획득 프로그램에 대한 정치적 개입과 그것에 대처할 수 있는 기법을 자세하게 논의하고 있는 글은, Wilbur D. Jones, Jr., *Congressional Involvement and Relations: A Guide for Department of Defense Acquisition Managers* (Fort Belvoir: DSMC Press, 1996) 참조.

31) 기술속도의 도전
  • 무어의 법칙(Moore's Law) ⇨ 마이크로칩의 처리능력은 18개월마다 2배로 늘어난다 (Computing doubles every 18 months).
  • 피버법칙(Fiber Law) ⇨ 커뮤니케이션(Communication) 능력은 9개월마다 2배로 늘어난다(Communication capacity doubles every 9 months).
  • 디스크 법칙(disk law) ⇨ 기억저장량은 12개월마다 2배로 늘어난다(Storage doubles every 12 months).

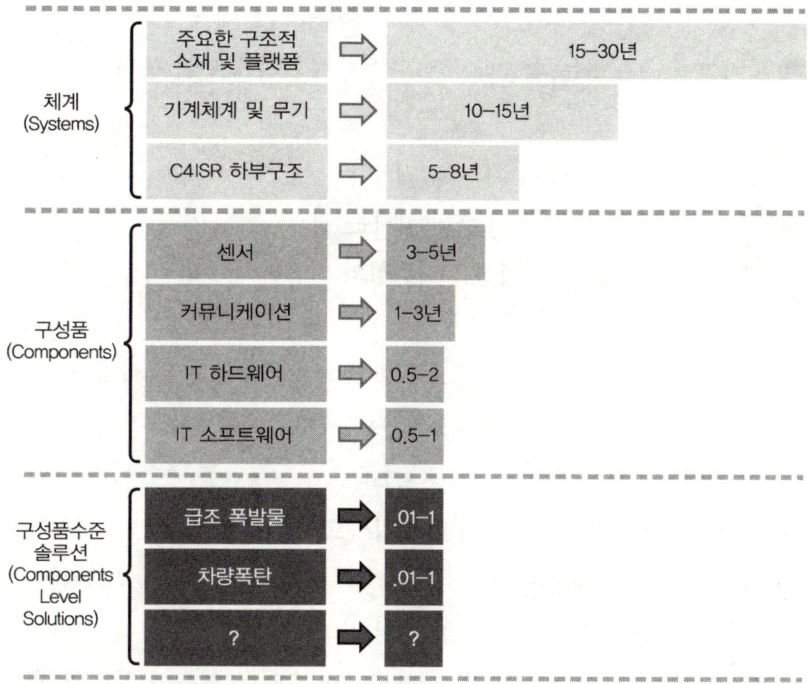

출처: John V. Farr, William R. Johnson, and Robert P. Birmingham, "A Multitiered Approach to Army Acquisition, *Defense Acquisition Review Journal* (April-July 2005), Vol. 12, No. 2, p. 236.

〔그림 2-5〕 **기술사이클 시간**(Technology Cycle Times)

둘째, 기술적 위험은 이전에 달성하지 못한 성능수준을 갈구하기 위해 미성숙한 기술을 사용하는 경우에 발생하게 된다. 미성숙된 기술을 많이 사용할수록 비용, 일정, 성능을 추정하는 불확실성은 더 커지게 된다.

셋째, 설계 및 공정상의 위험은 기술적 능력을 신뢰할 수 있는 하드웨어 및 소프트웨어 속으로 이식하는 능력에 관련된 위험을 포함한다.

---

32) Wayne Turk, "Requirements Management," *Defense AT&L*(March-April 2005), Vol. XXXIV, No. 2, p. 13.

넷째, 제조상의 위험은 정부와 계약업체의 능력에 관련된 것이며, 설계된 체계를 요구하는 성능과 품질수준에 부합하게 만들 능력이 있는가 하는 것이다.

다섯째, 지원위험은 신뢰도(reliability), 가용도(availability), 그리고 유지도(maintainability) 목표를 달성하는 것과 관련된다.

여섯째, 비용 및 일정 위험은 지원상의 위험과 더불어 비용과 일정 평가과정의 정확성을 요구한다.

일곱째, 모델링 및 시뮬레이션 위험은 개발단계에 있는 체계 및 부품의 성능상 특징을 확실히 포착하거나 모방하기 어렵다는 점이다.

프로그램의 위험은 비용, 일정, 그리고 성능목표를 충족시키기 위한 프로그램 능력에서의 불확실성과 직접적으로 관계된다. 이 때문에 그것은 각 목표와의 관계성이나 프로그램 획득전략의 전반적인 맥락에서 측정될 수밖에 없다. 전략상의 변화는 일반적으로 위험수준에 대한 변화를 초래한다. 따라서 획득전략은 이 같은 위험요인을 염두에 두면서 계속 개발 및 갱신되어야 하며, 효과적인 위험관리 프로그램을 위한 토대를 구축할 수 있도록 해야 한다. 왜냐하면 효과적인 위험관리 프로그램은 프로그램 관리자에게 불확실성에 직면했을 때, 스마트한 결정을 내리는 데 필요한 정보를 제공해 줄 수 있기 때문이다.[33] 사실 효과적인 위험관리 프로그램의 토대는 정보수집이다. 프로그램의 위험을 초래할 수 있는 원인이 될 만하거나 관련이 있을 법한 정보를 폭넓게 수집하는 것, 즉 사실과 의견을 구분해서 철저하게 사실(fact)중심으로 정보를 수집하는 것이 핵심이다. 사실 앞에서는 그 누구도 반론을 제기할 수 없기 때문이다.

---

33) Bill Shepherd, "Managing Risk in a Program Office Environment," *Acquisition Review Quarterly*(Spring 2003), Vol. 10, No. 2.

"사실보다 강한 것은 없다"가 키워드(key word)이다.

2. 획득전략의 중요 요소

획득전략의 주요 기능은 프로그램의 기본규정과 착수 당시의 가정, 그리고 장래 의사결정이 평가되는 기본적인 규칙과 가정을 기록하는 것이다. 획득전략은 각 의사결정단계를 거치면서 프로그램의 필수적인 기능 간의 관계를 보다 더 명확하게 설명할 수 있어야 한다. 이러한 맥락에 포함되는 요소로는 개방체계, 공급원, 비용, 스케줄, 성능, 위험관리, 독립변수로서의 비용(CAIV), 계약접근, 관리접근, 환경 및 안전, 모델링 및 시뮬레이션 접근, 보증고려, 그리고 계약업체 소유 중의 정부측 소유권에 대한 고려 등을 들 수 있다.

물론 위의 사항 전부가 획득전략에 포함되어야 할 필요는 없다. 획득전략은 해당 프로그램의 성공에 필요한 요소라면, 이 이외의 어떤 다른 요소도 포함시킬 수 있을 것이다. 이런 점에서 앞에서 언급한 필수요소와 더불어 고려할 필요가 있는 다른 영역에 대해서 언급해 보기로 한다

2.1. 임무요구

각각의 임무요구서(MNS) 가운데 의사결정점 0(Milestone 0)에서 호의적인 고려를 받는 것은 사용자 또는 사용자 대표가 의사결정 검토를 위한 준비에서 중요한 역할을 수행하는 것이다. 의사결정점 1단계와 이후 각 단계에 앞서서 광범위하게 기술된 요구를 계량화된 작전성능 변수

(parameter)로 바꾸는 것이 그 역할이다.

이것은 작전요구서(ORD)의 개방과 갱신을 통해 이루어진다. 이 변수는 목표와 최저치 수준으로 표현된다. 이후 이들은 여러 프로그램 문서에 나타나게 되며, 비용·일정·성능의 상쇄를 위한 기초로 쓰이게 된다. 잘 정의된 획득전략은 이러한 상쇄분석(trade-off analysis)[34]에서 지침적인 나침반(compass) 역할을 하게 된다.

2.2. 계약

획득전략은 단계별로 준비되는 계약형태를 잘 설명해야 한다. 여기에는 계약 인센티브(incentive)의 형태와 인센티브 구조(structure)가 포함된다. 예상되는 계획상의 일탈행위나 기권행위도 충분히 감안되어야 한다. 이 항목의 내용은 획득계획(AP)[35] 이내에서 자유롭게 사용될 수 있도록 해야 한다.

2.3. 시험 및 평가

획득전략은 프로그램 위험을 줄이기 위해 특별한 관리초점을 요구하는 시험 및 평가(T&E)[36]부분에 관한 접근의 중요한 측면을 기술해야

---

34) 상쇄분석과정을 간략히 묘사해 보면 다음과 같다. 첫째, 대안적 해결책을 식별하라. 둘째, 평가기준(또는 평가요소), 즉 비용, 일정, 성능 기준을 선택하라. 셋째, 평가기준의 중요성을 서로 비교하라. 넷째, 각 요소의 효용함수를 개발하라. 다섯째, 평가를 실행하라. 여섯째, 민감도 조사를 수행하라. 일곱째, 가장 높은 점수를 얻은 대안을 선택하라.

35) 획득계획(Acquisition Plan: AP)은 승인된 획득전략에서 마련된 접근을 실행하기 위해 필요한 구체적인 행동을 반영하는 공식문서를 말한다.

36) 시험 및 평가(Test and Evaluation: T&E)는 특정 무기체계가 기술상 또는 운용상으로

한다. 그것은 시험형태, 횟수, 그리고 타이밍(timing)에 관해 주로 서술하는 것이며, 시험평가 기본계획(TEMP)[37]을 개발하는 이에게 전략상의 지침을 제공하기 위해 세부사항을 충분히 제공할 수 있어야 한다. 중요한 기술적 조건, 작전적 이슈, 특별한 시험자원, 실사격 시험 그리고 시험 사거리 일정 등을 예로 들 수 있다.

시험평가 조직은 변화하는 소요가 생산 및 배비단계를 통해 지속적으로 평가될 수 있는 것을 보장하기 위해 어떤 프로그램의 개념탐색(CE)단계부터 개입하도록 하는 것이 필요하다.

2.4. 기 술

획득전략에서 이 부분은 기술적인 위험감소뿐만 아니라, 체계개발에 필수적인 주요 기술의 이전을 기술할 수 있어야 하며, 시스템공학 계획을 개발하는 사람에게 전략적 윤곽을 제시할 수 있도록 충분한 세부적 사항이 포함되어야 한다. 기술시연 프로그램, P3I, 그리고 기술적 위험을 줄이기 위한 비개발품목(NDI)[38]의 활용 등을 예로 들 수 있을 것이다. 이 부분은 또한 소프트웨어 개발접근의 주요한 측면을 기술하면서

소요문서에 명시된 제반 요구조건을 충족시키는지를 확인하고 평가하는 것이다.

37) 시험평가기본계획(Test and Evaluation Master Plan: TEMP)은 시험 및 평가 프로그램의 총체적 구조 및 목표를 기록한 것으로, 상세한 T&E 계획을 창출하기 위한 틀을 제공하고, T&E 프로그램과 관련된 일정 및 자원함의를 기록한다. TEMP는 필요한 개발적 시험평가(Developmental Test and Evaluation: DT&E), 운용적 시험평가(Operational Test and Evaluation: OT&E), 그리고 실사격 시험평가(Live Fire Test and Evaluation: LFT&E)를 식별한다.

38) 비개발품목(NonDevelopmental Item: NDI)은 과거 국내외에서 개발되어 사용된 적이 있는 품목이다. 주로 상업용 시장에서 일상적으로 이용가능한 유형의 일부 개조(변경)만으로도 사용할 수 있는 품목을 의미한다.

임무의 핵심성격을 갖는 컴퓨터 공급원을 식별하고, 연관된 계획 및 지원사안을 식별할 수 있도록 해야 할 것이다.

2.5. 소프트웨어 개발

획득전략에서는 제시된 소프트웨어 개발접근의 핵심사항들도 기술해야 한다. 그것은 선택된 소프트웨어 개발접근방식이 어떻게 체계차원의 획득전략을 지원할 것인가를 기술하는 것이다. 그리고 여기에는 소프트웨어를 얻기 위한 기획, 그리고 그 유지관리를 위한 방안(예: 소유권 문제)도 함께 제시해야 한다.[39]

2.6. 군수지원

전략은 프로그램의 위험부담을 줄이고, 지원계획을 개발하는 사람을 위한 전략지침(strategic guidance)으로 작용할 수 있도록 충분한 세부사항을 제공할 수 있도록 프로그램 관리자가 설정한 특별한 관리초점을 요구하는 군수지원(LS) 프로그램의 핵심사항을 기술해야 한다. 이 점에서 군수지원은 성능소요에 포함되어야 하며, 예비부품을 비롯한 거의 모든 계약대상 품목에 적용되어야 할 것이다. 상호교환성(interchangeability)[40], 상호운용성(interoperability), 그리고 기능소요의 대응책임은 계약자의 몫이 되어야 한다. 획득전략에 포함될 수 있는 군수지원상의 일부항목으로는 지원개념, 위치조사, 임시계약업체의 지원, 시험장비, 관리 및 훈련

---

39) 이의 자세한 내용은, Al Kaniss, "Acquiring All You Need to Maintain Your Software," *Defense AT&L*(March-April 2005) 참조.

40) 상호교환성은 둘 또는 그 이상의 품목이 성능과 지속성에서 동등한 기능적·물리적인 특질을 가지는 것으로, 품목 자체의 변경없이 서로 교환이 가능한 능력을 의미한다.

등을 들 수 있다.

2.7. 생 산

획득전략에서 생산 부문은 계약업체의 설계생산 가능성 여부와 함께 설정된 목표 이내에서 하드웨어 및 소프트웨어를 적시에 제공할 수 있는 산업능력(기술개발 및 생산능력)이 있다는 것을 보장하는 데 맞춰져 있다. 해당 기획에는 제조 및 생산계획을 개발하는 이의 전략적 개요를 제공하는 내용까지 포함되어야 한다. 여기에 들어가는 항목으로는 실현성 구축, 위험부담 평가, 가용한 생산업체 및 제조상의 필요기술의 식별, 산업적 기반능력, 핵심자원의 가용성, 그리고 개발에서 생산으로의 이전문제 등이고, 좀 더 들어갈 수 있는 항목으로는 생산공정, 품질보증 과정, 인력구조, 그리고 시설설비 등을 들 수 있다.

2.8. 위험관리

프로그램 위험은 프로그램의 목표달성에 실패할 가능성이나 결과의 측정이다. 위험 측정은 획득전략 개발에서 근원적인 분석접근이라 할 만큼 대단히 중요한 요소라 할 수 있다. 이는 앞에서 말한 바 있는 4대 기준, 즉 현실성, 안정성, 자원균형, 그리고 유연성의 합치성을 결정하는 데 기초를 제공한다. 실제로 이 4대 기준은 획득전략에서 해당 프로그램의 위험을 최소화하는 데 필수적 요소이다.

위험관리는 프로그램 관리자의 중요한 책임 가운데 하나이며, 시험평가 조직의 초기, 그리고 지속적인 개입은 프로그램의 기술적 위험을 크게 감소시킬 수 있다. 특히 설계에서의 기술적 불확실성 정도는 적절한 기술위험관리를 요하고, 이는 비용과 일정초과의 확률을 감소시킬 수 있게 될 것이다. 왜냐하면 기술적 위험, 비용, 일정초과 사이에는 강한 인과적 관계가 있기 때문이다.

그러나 실패의 가능성이나 결과의 평가가 자주 빗나가는 경우가 많아 위험평가를 수행하는 것은 결코 쉬운 일이 아니다. 그 때문에 반드시 측정가능한 보조변수나 통계적 방식을 비롯한 다른 과정을 통해 평가될 수

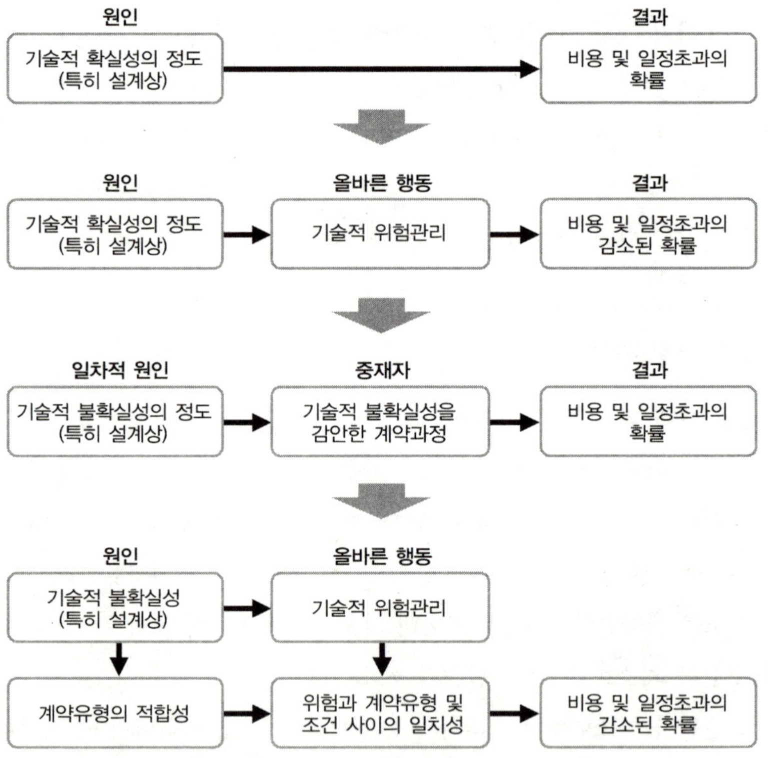

출처: Mike Bolles, "Understanding Risk Management in the DoD," *Acquisition Review Quarterly* (Spring 2003), Vol. 10, No. 2, pp. 142~144.

〔그림 2-6〕 위험관리의 원인과 결과

있도록 해야 한다.[41]

2.9. 프로그램 관리

획득전략은 통합생산 및 과정개발(IPPD) 과정을 반드시 반영해야 한다. 그것은 또한 프로그램의 위험을 줄이기 위해 프로그램 관리자가 의미있는 프로그램 관리계획을 개발할 수 있도록 전략적 개요역할을 할 수 있을 정도로 자세한 내용을 제공하는 프로그램 관리구조(주요 성과, 관련 일정 등)의 핵심사안을 구체적으로 제시할 수 있도록 해야 한다. 이에 해당하는 현안에는 합동 프로그램 탐색, 총체적 품질관리, 연구지원, 그리고 획득 프로그램의 특정 수명시점에서의 프로그램 진행구조에 의한 계획된 변화 등이 있다. 또한 여기에는 정부와 계약업체 간 책임(정부공급 장비 및 정보, 재산, 체계통합, 체계시험 등)관계의 계획도 포함되어야 한다.[42]

2.10. 자금조달

획득전략에서는 개발, 생산, 그리고 시험과 같은 자금조달을 위한 주요한 원천을 기술해야 한다. 이 밖에 잠재적인 수준에서 포함될 수 있는 현안과제로는 적용가능한 합동자금의 조달합의, 구매가능성의 연구강조, 그리고 알려진 자금조달, 또는 가용성 제약이다. 기술 내용에는 계획된 매년 자금조달 총액, 전년도와 금년 그리고 장래의 지출내역, 그리고

---

41) 위험관리를 세부적으로 다루고 있는 글은, "Special Issue on Risk Management," *Acquisition Review Quarterly*(Spring 2003), Vol. 10, No. 2 참조.

42) 획득 프로그램 관리를 위한 Weblog Technology 사용의 최근 움직임에 관련된 논의는, David P. Brown, Tanmi Mcvay, "Weblog Technology for Acquisition Program Management," *Defense AT&L*(March-April 2005), Vol. XXXIV, No. 2를 참조.

이행해야 할 비용 등이 있다. 가용성 분석(affordability analysis)은 생산의 종료시점까지를 마감으로 한다.

2.11. 구조 및 일정

획득전략에서 구조 및 일정부분은 획득단계와 의사결정점, 계약보상, 시스템공학 설계검토, 계약전달, 시험 및 평가기간, 생산 및 출시, 그리고 작전배치목표 등의 요소들 간의 관계를 규정해야 한다. 그것은 단계별 이전과 요소 간 협력의 정도를 반드시 묘사해야 한다. 말하자면 획득전략의 일상적인 검토 및 시각화된 발표인 셈이다.

2.12. 수명주기 비용

앞에서도 언급하였듯이 독립변수로서의 비용(CAIV)은 획득전략을 마련하는 데 반드시 사용되어야 하는 대단히 중요한 개념이다. 획득전략은 국방체계를 경제적으로 획득 및 운용하기 위한 방법론을 제시해야 하며, 이는 적극적이고 실현가능한 비용목표의 설정과 이 목표의 달성관리를 통해 이루어질 수 있다. 비용목적은 제시된 이전 연도의 자원과 임무상 필요 사이의 균형을 맞추면서, 국방당국과 방산업체 양측에서의 예상되는 과정개선을 고려할 수도 있다.

해당 체계의 요람에서 무덤까지(Cradle-to-Grave)[43]의 전 수명주기

---

43) 요람에서 무덤까지는 개발, 획득, 운용 그리고 폐기처분까지 어떤 주어진 체계의 총주기(Total Life-Cycle)를 의미한다. 이것은 태어나서 죽을 때까지, 또는 일생동안 (Womb-to-Tomb)으로 불리기도 한다.

과정에 걸친 전체 비용을 고려하는 전략은 프로그램의 성능, 일정소요를 고려한 균형과 전망을 제공하는 데 필수적이다. 이런 점에서 프로그램 관리자는 국방체계 획득에서의 총체적 소유권비용(TOC)을 절감하는 데 책임이 있는 것이다.

제3장
획득전략의 개발과 문서화 작업

1. 획득전략의 개발

획득전략의 개발은 임무요구를 만족스럽게 충족시킬 수 있도록 작전적 임무소요를 포괄적·고차원적인 계획으로 전환시키는 대단히 논리적·체계적인 방법으로 볼 수 있다. 획득전략의 개발과정은 제2장에서 다루었던 획득전략의 필수요소에 관련된 이슈를 식별·분석·해결하는 것으로 구성된 수많은 반복을 거치는 일련의 단계로 이루어져 있다.

앞에서도 지적하였듯이 획득전략은 일반적으로 획득주기의 개념탐색(CE)단계 동안에 개발된다. 개발과정에서는 통합생산 및 과정개발(IPPD) 개념, 통합생산팀(IPTs) 그리고 획득 감시 및 검토과정에 적용되는 원칙이 주로 사용된다. 획득전략의 개발은 프로그램 담당실의 공식적 설치와 프로그램 관리자의 선임에 앞서 이루어질 수도 있고, 아니면 각

군에 의해 임명되는 특별 테스크 포스(task force), 또는 의사결정점 0 단계 이후에 프로그램 관리를 맡게 되는 인력에게 맡겨질 수도 있을 것이다. 그러나 임무요구 결정이 이루어지고 난 뒤, 즉 개념연구를 수행하기 위한 승인(의사결정점 0)단계에서 곧바로 획득전략의 개발에 착수하는 것이 가장 바람직하다. 그 이유는 간단하다. 초기에 빨리 할수록 그만큼 생각할 시간, 즉 '사고의 숙성시간'이 많아지기 때문이다. 몇 번에 걸친 생각, 즉 사고의 숙성시간을 갖는 것은 한 번에 얼마나 오래 생각하는가, 즉 생각의 양보다 더 중요한 것이다.

초기전략(initial strategy)은 전체 획득주기를 다루게 되는데, 초기 획득전략이 상부로부터 승인받게 되면, 체계 획득주기 전반에 걸쳐 수행되는 의사결정 단계마다 필요할 경우 갱신된다. 프로그램 관리자는 획득전략을 하나의 독립된 문서로 개발하거나, 이를 다목적 문서(미국의 예: 육군의 개선형 통합 프로그램 요약(MIPS), 해군의 종합획득 프로그램 기획(MAPP), 공군의 단일 획득관리 기획(SAMP))에 병합하는 방법을 선택할 수도 있다. 프로그램 관리자가 획득전략을 그런 다목적 문서에 병합하는 방법을 선택할 경우에는 프로그램의 획득전략을 묘사하는 구체적인 분석항목이 반드시 그런 다목적 문서내용에 포함되어 있어야 할 것이다.

2. 획득전략의 개발과정

획득전략을 개발하기 위한 일반과정은 임무요구를 식별하고, 그것을 명확하게 하는 것으로부터 시작하여, 선택된 획득전략의 공식적 승인을 얻기까지 걸리는 수많은 단계를 논리적·체계적으로 묘사하는 것이다. 각 단계의 완성은 획득전략과 연관된 사안의 식별, 분석, 해결 과정 등을 포함한다. 이를 위해서 문제해결 및 의사결정 기법과 도구가 사용되기도 한다.

이를 좀더 세부적으로 설명하면, 획득전략의 개발과정은 다음과 같은 단계에 따라 개발된다.

- 임무요구 식별
- 상황적 현실평가
- 개발을 위한 체계개념의 선택
- 전략개발 자원의 종합정리
- 전략목표, 위험수준, 그리고 우선순위의 정립
- 의사결정 기준의 정립
- 구체적으로 선택가능한 전략안 후보들의 식별
- 전략안 후보의 평가 및 최선안 선택
- 선택된 전략의 보강개발 및 다듬기

이러한 논리적·체계적인 과정을 사용해야만 현실성, 안정성, 자원균형, 유연성 그리고 위험관리의 기준이 물 흐르듯이 자연스럽게 획득전략에 통합될 수 있게 되는 것이다.

이러한 단계를 구체적으로 살펴보면 다음과 같다.

2.1. 임무요구 식별

임무요구(Mission Need)는 부여받은 임무를 수행하거나, 임무를 수행하기 위한 현존능력의 결함을 고치기 위해 요구되는 작전능력(operational capability)을 말한다. 또는 새로운 기술의 사용을 통해 현재 능력의 결함(deficiency), 또는 새로운 능력을 제공하기 위한 기회(opportunity)를 의미하는 것이다.

임무요구를 식별하는 데는 두 가지 분석방법, 즉 임무영역 분석과 임무요구 분석이 사용된다.

- 임무분야분석(Mission Area Analysis: MAA)은 군사목표를 달성하기 위해 필요한 작전지원 업무를 찾아내기 위해 '전략 대 과업'(Strategy-to-Task), 즉 군사전략 대 개별임무과업 방법론을 사용하는 것이다.
- 임무요구분석(Mission Need Analysis: MNA)은 MAA에서 찾아낸 과업을 달성하기 위한 능력을 평가하도록 고안된 분석으로, '과업 대 요구'(Task-to-Need) 방법론을 사용하는 것이다.

임무요구를 식별하는 데 도움이 되는 질문은 다음과 같다.

첫째, 체계개발의 논리를 뒷받침하는 작전적 타당성은 적절한가?

둘째, 최종 사용자는 누구이고, 그것을 어떻게 야전에서 사용할 생각(의도)을 가지고 있는가?

셋째, 사용자가 구체적으로 기대하는 성능수준은 어느 정도인가?

넷째, 사용자의 체계에 관련된 전문성 수준은 어느 정도인가?

다섯째, 체계가 적응해야 될 작전환경적 특성은 어떠한가?

여섯째, 체계특성, 즉 체계능력(system capability: 사거리, 치명성, 기동성, 생존성 등과 같은 성능)과 체계특질(system characteristic: 무기 및 연료 탑재능력, 크기 등과 같은 설계에 관한 것)은 어떠한가?

획득전략 개발에서 일차적 목표는 무기체계 및 장비를 획득하는 데 걸리는 시간과 비용을 최소화하고, 식별 및 확인된 필요(need)를 충족시키며, 상식과 건전한 사업관행 그리고 획득정책의 기본방침을 충족시키는 데 있다.

임무요구는 앞에서 언급한 것처럼 현재, 또는 투영된 능력에서의 성능결함 결과이거나, 아니면 새로운 또는 개선된 능력을 구축하기 위한 기술적 기회의 결과, 두 가지 가운데 하나이다. 이 때문에 임무요구 분석 단계에서의 핵심은 가능한 한 일찍 모든 관계자(국방 및 산업계)를 관여시키는 것이다.

임무요구서는 사용자에 의해 결정된 넓은 의미의 작전적 용어로 주로 표현되며, 군사기획상에서 요구하는 임무를 구체적으로 식별·묘사하는 것이다. 전략 개발자(국방부, 합참)는 반드시 작전임무상의 필요를 숙지하고, 획득과정에 참여하는 모든 참여자가 그것을 충분히 잘 이해할 수 있도록 설명해야만 한다.

프로그램 관리자나 의사결정점 이전의 과업을 담당하는 인력은 임무요구서와 관련된 문서(예: 위협분석 연구)44)를 검토 및 분석하고, 해당체계의 사용자45) 내지, 사용자 대표46)에게 피드백을 제공해야 한다. 아울러 프로그램 관리자는 자체 관할범위와 국방부 지침하에서 개략적인 필요의 우선순위를 세우고, 이를 다음 프로그램에서도 지속할 수 있도록

---

44) 위협(threat)이란 아군의 임무달성을 제한하거나 무력화시킬 수 있는, 그리고 무기체계 및 장비의 효과성을 감소시킬 수 있는 적의 잠재적 강점, 능력 그리고 전략목표의 집합을 의미한다.

45) 사용자(user)는 획득체계로부터 혜택을 받거나 받을 것 같은 작전사령부 및 기관을 의미한다. 육·해·공군의 최고사령관 및 각군은 사용자이다. 어떤 체계의 경우에 사용자는 하나가 아닌 다수가 될 수도 있을 것이다.

46) 사용자 대표(user representative)는 소요 및 획득과정에서 단일 또는 다수의 사용자를 공식적으로 대표하는 적절한 권한을 부여받은 사령부 또는 기관이다.

해야 한다. 이것은 전략의 상쇄를 증가시키는 의사결정의 틀을 세우는 중요한 정책행위인 것이다.

〔표 3-1〕을 보면 획득업무에 있어 임무요구서(Mission Need Statement)가 모든 연이은 분석을 위한 기초가 된다는 사실을 잘 알 수 있게 된다. 사실 임무요구서는 획득 전체의 방향과 목표를 규정한다. 따라서 소요와 획득이라는 톱니바퀴가 서로 맞물려 마찰없이 부드럽게 돌아가도록 하는 데 가장 핵심이 되는 요소가 바로 이 임무요구서인 것이다.47)

〔표 3-1〕 임무요구서와 타 문서와의 관계

과정단계	방법론	결 과
임무·목표 규정	-	임무요구서
기능적 소요 규정	- 현 체계분석 및 사용자 소요분석 - 기술분석	소요분석
소요충족수단 식별	- 시장조사 및 분석 - 모든 대안의 분석	대안분석
비용편익 비교	- 사업기간 식별 - 적절한 비용식별 - 적절한 편익식별 - 순 편익비교	비용편익분석
획득방법 규정	-	획득전략(계획)

---

47) 미국의 경우, 2002년 럼즈펠드 국방장관의 지시로 획득관리체계가 변경되었고, 이에 부합하기 위해 기존의 소요창출체계(Requirements Generation System)가 합동능력통합 및 개발체계(JCIDS)로 대치되게 되었다. 기존 소요창출체계는 합동전투원에게 요구되는 미래능력에 적합하지 않은 무기체계를 공급하거나 획득결정시 관련체계 간의 상호운영성을 고려하지 않고 각 군별 단일 플랫폼의 획득관점에서 개발함으로써 자원의 중복에 의한 낭비적 요소가 많이 발생하였다. 이 문제를 개선하기 위해 미 합참의장의 지시로 기존의 소요창출체계를 합동능력통합 및 개발체계(JCIDS)라는 새로운 소요창출체계로 변경하였던 것이다.

2.2. 상황적 현실의 평가(환경변화)

프로그램이 직면한 상황적 현실은 체계관련 성능, 비용, 그리고 일정 소요를 의미하는데, 여기에는 일반적인 검토소요 및 절차, 다른 프로그램의 획득전략에 대한 영향, 해당 획득전략과 관계되는 완료된 또는 계류 중인 이슈들, 그리고 전략개발을 완료하는 데 이용가능한 자원(시간, 돈, 숙련된 인력 등)과 같은 요소가 고려대상에 포함된다.

각 프로그램의 전략개발은 반드시 각자가 처한 특별한 획득환경(AE)[48] 속에서 진행될 수 있도록 해야 한다. 프로그램 관리자는 이를 잘 이해할 필요가 있다. 어떤 특정 프로그램은 시작부터 문서화된 지원을 제공받으면서 장애요인도 비교적 적게 받는 경우도 있을 것이다. 하지만 대부분의 프로그램은 자체적으로 감사와 보고과정에서 비판을 받게 된다. 국회로부터 필요성 자체, 그리고 재정적 · 정치적 견해상의 이의를 제기받기도 한다. 국방부 장관실 내부나 다른 부서, 심지어는 해당 부서 내부에서조차 반대에 부딪히게 될 수도 있다. 국방당국 내의 일반감사, 또는 분석평가실이나 국회예산실 내 감사부서 등에서 나오는 평가보고서는 프로그램상의 여러 요소를 이슈화할 가능성이 언제든지 있는 것이다.

이에 요구되는 문서로는 초기능력서(ICD: Initial Capabilities Document), 능력개발서(CDD: Capability Development Document), 능력생산서(CPD: Capability Production Document), 중추소요서(CRD: Capstone Requirements Document) 등이 있다. 이러한 문서들에 대한 자세한 내용은, Chairman of the Joint Chiefs of Staff Manual, *Operation of the Joint Capabilities Integration and Development System*, CJCSM 3170.01A, 12 March 2004를 참조 여기에서 초기능력서(개념연구단계의 개념결정을 주도)는 임무요구서(MNS)를 대체하여 사용자의 요구능력을 기술하고 다양한 기술개발 방안을 건의하는 문서이다.

48) 획득환경(Acquisition Environment)은 모든 국방획득 프로그램에 영향을 끼치거나 그것을 형성하는 데 도움을 주는 대내외적 요인이다. 이러한 요인으로는 정치적 힘, 정책, 규정, 기대하지 않는 소요반응, 긴급사태 등을 들 수 있다.

특히 일반감사실이나 국회의원은 정책 및 규정상의 이유를 들어 해당 부서 담당하의 계획 승인 여부에 동의하지 않고 반대할 수도 있다. 프로그램 관리자는 국가목표와 국방부의 우선순위에 관한 충분한 이해를 바탕으로 무기체계 및 장비사용자와 국방부, 그리고 획득관련 부서내 인력과 함께 해당 프로그램이 합법적으로 성공할 수 있도록 서로 협력해야 한다. 상황적 현실을 충분히 고려한 효과적인 획득전략의 개발은 외부의 반대(예: 정치권 및 각종 시민단체 등의 반대)에 맞서면서 프로그램 목표를 달성하는 가능성을 증진시키는 데 참으로 중요하다.

상황적 현실을 평가하는 데 도움이 되는 질문은 다음과 같다.

- 위협의 실제수준은 어느 정도인가?
- 경제적 여건은 어떠한가?
- 정치적 여건은 어떠한가?
- 다른 획득 프로그램과의 관계는 어떠한가?
- 기술적인 기회는 무엇인가?
- 일정과 더불어 독립변수로서의 비용(CAIV)에 따르는 비용과 성능 목표 수준은 어느 정도인가?

이러한 질문을 통해 상황적 현실을 잘 파악해 기회와 위협을 분석하고, 대책방향을 마련해야 하는 것이다.

2.3. 개발을 위한 체계개념의 선택

체계개념(system concept)의 선택은 반드시 대안분석(AOA)49)을 거친 결과를 사용해야 한다. 이 결과들은 가용성(affordability)[50] 분석의 기초를 제공한다. 최종결과는 최고수준 프로그램 소요와 사안주도형 획득전략의 개발을 위한 기초를 제공한다. 체계개념을 선택하는 데 도움이 되는 질문들은 다음과 같다.

- 무슨 개념이 가능한가?
- 실행에 적합한 개념은 무엇인가?
- 어떤 개념이 임무소요를 충족시키는 데 가장 바람직한 결과를 초래할 가능성이 높은가?
- 체계개념의 식별 및 선택을 지원하기 위해 어떤 모델링 및 시뮬레이션 도구를 사용해야 하는가?

2.4. 전략개발 자원의 종합정리

전략개발(strategy development)은 인력, 시간, 돈, 정보 등의 각종 자원을 요구한다. 좀더 구체적으로 말하면, 획득전략 개발자금 및 시간, 임무분석 연구, 개념연구 결과, 비용·일정·기술연구 및 감사리포터, 전략개발팀 등을 들 수 있을 것이다.

전략은 상호협력적이면서 상호작용성이 높고, 통합된 형태로 개발되어야 하며, 기능적 부조화를 야기시킬 수 있는 분리된 요소간의 집합방

---

49) 대안분석(Analysis Of Alternatives: AOA)은 임무요구를 충족시키기 위해 고려되는 대안들의 위험, 불확실성, 그리고 그 장점과 단점을 분명히 함으로써 의사결정의 지원을 기도하는 분석이다. AOA는 핵심가정(예: 위협) 또는 변수(예: 성능능력)에서 가능한 변화에 대한 각 대안의 민감성을 나타낸다.

50) 가용성(affordability)은 어떤 획득 프로그램의 수명주기비용이 국방부 또는 각군의 장기투자 및 군 구조계획과 일치하는가의 결정을 의미한다.

식은 지양되어야 한다. 전략개발에 참여하는 참가자 모두가 저마다 중요한 비중을 차지하겠으나, 숙련된 기술관리자와 지식이 풍부하고 경험많은 프로그램 관리자가 핵심적인 역할을 맡을 수밖에 없다. 왜냐하면 기술적·사업적 전략이 중대한 결과를 유도하는 데 핵심적 요소로 작용하기 때문이다.

획득대상 체계의 사용자는 작전개념의 적절한 고려와 그 일치성을 보장하도록 만들 정도의 지식과 경험 그리고 능력을 가져야 한다. 사용자는 프로그램 관리자와 협력관계를 유지하는 것이 대단히 중요하다. 서로간에 임무요구, 운용상의 오해해소, 그리고 획득과정에 관한 철저한 실무적 이해를 공유할 수 있어야만 자원관리를 제대로 하게 될 수 있다.

전략개발 자원관리를 위해 도움이 되는 질문은 다음과 같다.

- 어떤 인적 자원이 요구되는가?
- 어느 정도의 자금수준이 요구되는가?
- 어떤 정보 자원이 요구되는가?
- 어느 정도의 시간이 요구되는가?

2.5. 전략목표, 위험수준, 그리고 우선순위의 정립

임무요구가 철저하게 이해되고, 상황적 현실의 평가가 실시되고, 전략개발을 위한 자원이 이용가능할 때, 획득전략의 개발이 본격적으로 시작될 수 있다. 프로그램에 구체적인 전략목표는 반드시 일목요연하게 정리하여 우선순위를 정해 놓아야 한다.(예: 성과 세부항목의 사용강화, 비개발품목(NDI)과 연관된 해결책 도출 등) 각 목표를 달성하는 데 초래될 수 있는 어려움은 폭넓게 평가되어야 하며, 이는 목표달성에 실패했을 때 따르는 결과를 평가하는 데도 그대로 적용된다.

각 목표의 위계화(또는 서열화)와 더불어, 이러한 평가는 총체적 위험관리의 노력을 위한 프로그램 개발도중에 초기 위험수준을 설정하는 기준이 된다. 그러나 현실성의 정도에서 위험수준은 계량적으로 결정될 수 있도록 하는 것이 바람직하다. 그렇게 하는 것이 자원을 효과적으로 집중시킬 수 있는 전략대안을 개발하는 데 필요한 방향을 큰 논란없이 제공하는 것을 용이하게 만들기 때문이다.

전략목표, 위험수준, 우선순위의 정립에 도움이 되는 질문은 다음과 같다.

- 프로그램을 어떻게 합리화할 것인가?
- 획득단계마다 얼마나 많은 위험변수가 도사리고 있는가?
- 어떤 형태의 계약방식이 사용될 수 있는가?
- 계약부여에 어느 정도의 시간이 걸릴 것인가?
- 비용목표는 어떠한가?
- 어떤 종류의 시험을, 어느 정도 수준으로, 그리고 얼마나 오래 실시할 것인가?
- 어떠한 군수지원 접근을 채택할 것인가?
- 소프트웨어 개발은 어떤 접근방식을 사용할 것인가?
- 선택된 체계개념에 근거하여 착수단계에서의 기술적·비용적·일정상의 그리고 지원상의 위험은 어떠한가?
- 식별된 위험영역을 완화하기 위한 선택안으로는 무엇이 있는가?

2.6. 의사결정 기준의 정립

획득 프로그램의 소요가 마련되고, 각각의 우선순위와 초기 위험수준
이 설정되는 것을 감안할 때, 개발대상인 전략후보군에 적용될 수 있도
록 하기 위해 의사결정 기준이 구축되어야 한다. 이어 전략개발 과정이
여러 개의 목표에 대해 하나의 자원할당 형식으로서 고전적인 의사결정
문제로 고려될 수 있을 것이다. 이러한 문제는 쉽게 해결되기 어려운 것
들이며, 특히 미래의 여러 잠재적 충격이 충분히 알려지지 않거나 이해
되지 못하고 있는 경우는 더욱 그러하다. 바로 여기서 제2장에서 논의되
었던 전략기준(현실성, 안정성, 자원균형, 유연성, 위험관리 등)이 의사결정 과
정에서 중요한 지침이 되는 것이다. 이 기준에 따라 진술된 목표와 소요
를 어떻게 제대로 충족시킬 것인가하는 평가가 자연스럽게 이루어질 수
있다.

의사결정 기준의 정립에 도움이 되는 질문들은 다음과 같다.

- 어떤 요소가 사용되는가?
- 각 요소의 비중을 어떻게 설정할 것인가?
- 최선의 전략안 후보 선택에 어떤 다른 고려요인(상업품목, 개방형 체제
  등)이 사용될 것인가?

2.7. 전략안 후보의 식별

전략개발자는 해당 프로그램의 목표와 소요를 충족시킬 수 있도록 할
수 있는 전략안 후보를 식별해 내야 한다. 전략대안의 선택은 상황적 요
소와 목표, 우선순위 그리고 위험 등을 충분히 고려한 임무요구에 따라

이루어져야 한다.

전략안 후보를 식별하는 데 도움이 되는 질문들은 다음과 같다.

- 구체적인 전략안 후보로 어떤 것들이 있는가?
- 이것은 소요를 제대로 만족시키는가?
- 의사결정점이나 단계를 결합시키는 데 따르는 일정 및 문서화의 영향은 어느 정도인가?
- 개발 및 작전적 시험을 수행하기 위해 적합한 시기는 언제인가?
- 이 후보군은 독립변수로서의 비용(CAIV)요소를 적용할 만큼 경제성이 있는가?
- 이 후보군은 수명주기비용과 국방체계의 총체적 소유권 비용 등을 감안하고 있는가?

2.8. 전략안 후보의 평가 및 최선의 전략안 선택

의사결정 기준과 의사결정 모델은 식별된 전략후보군에 적용된다. 물론 이러한 평가는 기계적인 방식으로 진행될 수는 없다. 왜냐하면 문제 자체가 복합적일 뿐만 아니라 불확실성이 본질적으로 따라다니며, 또한 중요성도 대단히 높기 때문이다. 평가를 위해 사용할 수 있는 수학적·통계적·경제적 도구는 여러 가지 있을 수 있겠지만, 무엇보다도 프로그램 관리자의 판단과 경험이 여전히 중요한 역할을 차지할 수밖에 없을 것이다.

이와 동등하게 중요한 평가기준은 관련자료(data)와 정보(information)[51]이다. 이들 평가는 가용한 전략안 후보군에 대한 평가를 완료하는데 있어서 필수적인 사실적 근거(fact)를 제시한다. 때때로 관련된 정보를 얻지 못하는 경우도 있다. 만일 해당 정보를 평가하는데 핵심적인 정보의 문서화가 어려운 때에는 유효한 전제 내용으로 대체되어야 하며, 그와 상응하는 성격의 것으로 분류되어져야 할 것이다.

전략안 후보들 평가에 도움이 되는 질문은 다음과 같다.

- 각 후보군은 임무소요와 의사결정 기준을 제대로 만족스럽게 충족시키는가?
- 각 후보군의 장점과 단점은 각각 무엇인가?

최선의 전략후보에는 여러 특징이 있는데, 각기 해당 프로그램의 측면을 보여 주는 것으로, 이것은 작전소요와 개발, 시험, 생산, 그리고 지원 소요 등의 측면에서 그 중요성이 결정된 것이라 할 수 있다.

최선의 전략안을 선택하는 데 도움이 되는 질문은 다음과 같다.

---

51) 자료는 체계적으로 조직되어 있지 않은 독립된 숫자, 단어, 소리, 영상 등을 말한다. 그것은 그 자체로 어떤 사건의 판단이나 해석을 제공하지 않는다. 신용카드 영수증, 신문의 경제면에 나와 있는 증권시세표나 주가기록 등이 그 예이다. 정보는 자료가 조직화된 것, 즉 어떤 특정한 연구목적을 위해 의미있는 방식으로 배열된 자료를 말한다. 자료는 그것을 창조한 사람이 의미를 부여할 때 정보가 된다. 따라서 정보는 자료와 의미를 합한 개념으로 볼 수 있다. 사람이 독립적인 자료를 수집하고, 기존정보로 이루어진 어떤 틀(framework)에 적합하게 조정했을 때 비로소 정보가 된다. 예를 들어 신문에서 증권시세표를 읽을 때 여러 회사들의 정보를 얻게 되는데, 우리가 신문의 자료로부터 정보를 얻을 수 있는 것은 증권시세표의 숫자가 무엇을 의미하는지, 증시가 어떻게 운영되는지 어느 정도 가지고 있는 사전지식 때문이다. 정보는 정보를 받는 사람이 사건을 판단하는 행위에 영향을 미친다. 참고로, 지식과 정보흐름에 토대를 두고 획득과정을 재설계하는 방법에 관한 뛰어난 분석은, Ned Kock, and Frederic Murphy, *Redesigning Acquisition Processes: A New Methodology Based on the Flow of Knowledge and Information* (Fort Belvoir: Defense Acquisition University Press, 2001) 참조.

- 어떤 전략후보군이 소요와 의사결정 기준을 가장 만족스럽게 충족시키는가?
- 어떤 전략후보군이 선택되었는가?

2.9. 선택된 전략의 보강개발 및 다듬기

평가가 완료되어 선호대상에 오른 전략후보가 선택되면, 다음으로 개발의 보강단계를 거치거나 다듬어지게 된다. 다듬기 작업은 앞에서 언급된 기준요소(현실성, 안정성, 균형, 유연성, 위험관리 등)와 더불어 소요부문에 적용되는 모든 요소에 의한 검토 및 재평가를 포함한다. 필요할 경우에는 다른 요소도 고려될 수 있을 것이다.

지금까지 설명한 내용을 다시 간략히 정리해 보면 획득전략 개발은, 임무요구식별 → 상황적 현실의 평가 → 개발을 위한 체계개념의 선택 → 전략개발 자원의 종합정리 → 전략목표, 위험수준 그리고 우선순위의 정립 → 의사결정 기준의 정립 → 구체적으로 선택가능한 전략안 후보들의 식별 → 전략안 후보들의 평가 및 최선의 안 선택 → 선택된 전략의 보강개발 및 다듬기 순으로 진행된다.

3. 획득전략 개발과정의 주요 산물

3.1. 문서화와 승인

획득전략 개발과정의 주요 산물은 '문서화된 획득전략'이다. 그 내용은 크게 프로그램 구조, 획득접근, 주요 상쇄부문으로 구성된다. 이것은 프로그램상으로 이미 취해진 행동이나 이미 내려진 결정 등의 단순한 보고서 이상의 성격이어야 한다. 획득전략과 직접적으로 연관되는 것을 제외하고는 현재 개발 중인 체계의 세부적인 기술은 피하는 것이 바람직하다. 그리고 해당 프로그램을 현재수준으로 진전시키기 위해 취해진 우선적 상쇄부문, 즉 비용, 일정, 성능 등을 요약하고 논해야 하며, 착수 이후 일어난 전략상의 변화를 반드시 포함시킬 수 있도록 해야 한다. 이것은 과거에 사용되었던, 그리고 향후 계획 중이거나 선호되는 위험축소 도구를 기술해야 한다. 또 동일하거나 보다 더 큰 중요성에 따라서 장래의 상쇄부문을 위한 광범위한 차원의 프로그램 전략과 프로그램 계획 그리고 행동안을 제시해야 한다. 이것은 다음 주요 의사결정점 검토에 이어지는 단계에서 특별히 강조될 필요가 있다.

마찬가지로 이것은 계약형태나 과거와 현재 그리고 미래의 계약실행에 기술 내지 계획 이상의 것이어야 한다. 이것은 해당 체계의 기술개발과 시험 및 평가, 통합된 군수지원 체계의 개발, 그리고 해당 프로그램의 관리기능 등의 맥락에서 전략과 소통을 이루도록 해야 할 것이다.

승인 이후 획득전략은 널리 배포되어야 하며, 그리하여 핵심 조정도구로 활용되어 프로그램 관리자의 프로그램 통제기능을 보조할 수 있도록 해야 한다. 이를 달성하기 위한 최선책으로서 획득전략은 가능한 한 공개성이 높은 문서로 개발해야 하는 것이다.

프로그램 관리자는 자신이 작성한 획득전략을 이 장의 마지막에 나오는 '획득전략문서'(예)를 모델로 참조하여 잘 다듬는 작업을 수행해야 한다. 문서화된 획득전략은 해당 프로그램의 핵심요소를 잘 반영하도록 적절히 다듬어진 후에야 비로소 해당 획득 프로그램의 성공적인 달성을 위한 종합계획으로서의 유용성을 대내외적으로 입증받을 수 있게 된다.

3.2. 하향흐름

착수시기의 획득전략에 구체성의 수준은 획득주기 전반에 걸친 로드맵(roadmap) 역할을 하면서, 획득계획 및 시험·평가 종합계획(TEMP)과 같은 기능별 계획의 개발을 위한 기초를 제공하기에 충분해야 한다.

4. 획득전략 개발에 적용 가능한 분석 도구

여기에서는 프로그램 관리자가 획득전략을 구조화하는 과정에서 요구되는 상쇄 의사 결정, 구매가능성 제약요인, 그리고 사용자의 인가된 필요 등을 지원하는 데 사용할 수 있는 분석도구를 구체적으로 설명한다. 물론 상쇄 의사결정이란 두말할 필요없이 비용, 일정, 그리고 성능의 맥락하에서 이루어진다.

아래에서 논의되는 다양한 분석도구의 지원에 의해, 획득전략은 통합디지털환경(Integrated Digital Environment: IDE)을 기술하게 된다. 통합디지털환경은 획득 프로그램을 지원하는 기능 간 연결성격의 디지털정보의 하부구조를 이룬다. 이것은 정부와 산업 내부의 다양한 기관수준에서, 그것을 필요로 하는 사람에게 접근이 가능하도록 해야 하며, 이것은 또한 획득관리 목적 이내에서 지원해 줄 수 있도록 해야 한다. 통합디지털환경은 자료의 물리적 변화와 전자식 전달, 데이터베이스의 공유, 분산 및 통합식 작업흐름을 가능하게 하는 다양한 과정과 도구로 이루어진다.

4.1. 위험분석

프로그램과 연관된 위험은 의사결정점과 위험관리 기획의 적합성에 따라 명쾌하게 관리되어야 한다. 위험관리 프로그램의 개발과 실행의 주체는 프로그램 관리자가 되어야 한다.

4.2. 비용분석

비용분석은 여러 프로그램 선택안과 관련된 자원함의의 평가를 위해 이루어진다. 이 자원적 함의는 대안분석의 실천에서 사용되거나 보강개발을 거치기도 한다.

획득 프로그램에 적합한 비용분석을 수행하기 위해서는 여러 형태의 비용과 서로 다른 비용 간의 관계를 충분히 이해할 필요가 있다. 특히 수명주기비용 개념은 대단히 중요하다. 수명주기비용은 해당 프로그램 전체의 수명에 걸친 전체 비용이며, 연구개발 비용에 임무 및 지원장비(하드웨어 및 소프트웨어) 투자, 초기 재고, 훈련, 자료 그리고 활용가능하거나 비군사적 성격을 띠고, 장기보관이 예정된 폐기물 등의 비용까지도 포함된다.

비용분석과 평가절차에는 여러 가지가 있다. 이 절차에 모두 적용될 수 있는 핵심요소는 포괄적이면서, 연관성이 높고, 정확한 자료이다. 이러한 자료에는 다음과 같은 내용이 반드시 들어가야 한다.

- 평가 당시의 해당 체계 또는 과정의 자세한 설명
- 연관되어 있는 경제적 · 상황적 · 환경적 요인
- 유사체계의 비용 및 관련정보

|보충설명| **비용분석·평가유형**

정부 및 민간상업용 부문의 전문 관련서적에서 설명되는 일반적인 비용분석·평가유형에는 다음의 것들을 들 수 있다.

1 공학, 또는 상향식(engineering, or bottom-up): 체계 속의 모든 개별품목의 총액을 평가하는 방법이다. 이 방법은 가능한 한 해당 체계 및 과정의 저층수준에서 이루어지며, 전문기관의 공학적 기술평가기법이 사용된다. 여기서 얻어진 평가는 집계되어 통합, 간접, 행정성 경비 등과 같은 요소를 설명하기 위해 조정된다. 이 기법은 저층수준에서의 극히 완전한 정보를 요구한다. 보통 중간단계, 즉 공학 및 제조개발단계(EMD)에서 주로 사용된다.

2 유추(analogy): 자료가 거의 없거나 존재하지 않을 경우 이와 유사한 체계를 비교해 보는 방법이다. 이 방법은 비교적 초기단계, 즉 개념탐색 단계에서 대부분 사용된다.

3 보외법(extrapolation): 학습곡선이론(learning curve theory: 경험에 의한 학습이 비용을 줄인다는 이론)으로부터의 추정에 토대를 두고 똑같은 체계의 역사적 비용을 비교해 보는 방법이다. 이 방법은 나중 단계, 즉 생산 및 지원단계에서 주로 사용된다.

4 모수분석(parametric analysis): 통계적 분석에 토대를 둔 수많은 유사한 현존체계를 비교하는 방법이다. 여기에는 적용 가능성이 있는 광범위한 비용자료가 비용요소와 체계 및 과정특성 간의 관계개발을 위해 분석된다. 흔히 비용측정관계(CERs)[52]라고도 하며, 초기단계(개념탐색)에서 주로 사용된다.

---

[52] 비용측정관계(Cost Estimating Relationships: CERs)는 성능, 작전적 특성, 물리적 특성 등과 같은 하나 혹은 그 이상의 모수기능으로서 비용을 정의하는 수학적인 관계이다.

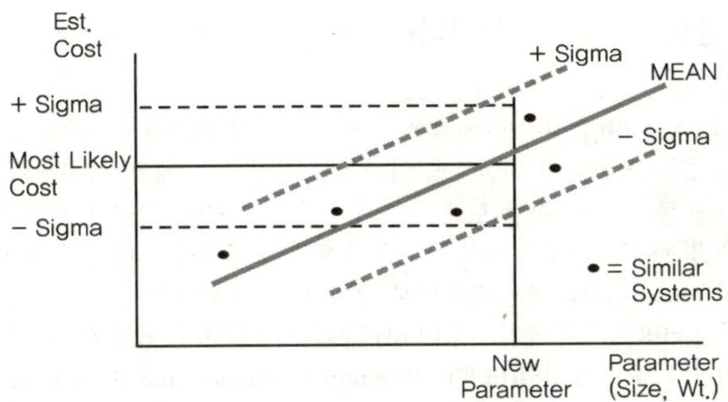

〔그림 3-1〕 비용측정관계(CER)

이 네 개 방식은 하나의 프로그램 내에서 함께 사용될 수도 있다. 실용가능한 경우에는 상향식이 가장 정확하지만, 이는 시간이 많이 소요될 뿐만 아니라 대단히 노동집약적 방식이다. 비교방식(유추, 보외법)은 초기의 기준선을 설정하고 다른 방식과의 대응에서 주로 사용된다. 모수분석방식의 정확도는 자료의 질, CERs가 나타내는 사례의 즉각성 수준, 그리고 유추된 관계의 강도 등에 의해 크게 좌우된다. 이 방법은 프로그램 초기 단계에서 주로 쓰인다.

출처: *DSMC Program Mangers Tool Kit*, p. 31.

4.3. 일정분석

여러 측면에서 일정분석(schedule analysis)은 비용분석에 해당하는 특징을 대부분 갖고 있다. 자료충족성, 정확성, 연관성, 그리고 수량이 중요한 요소이기 때문이다. 일정분석을 위해서만 쓰이는 독특한 기법에는 간트차트(Gantt Chart)[53], 균형선(LOB)기법[54], 네트워크 계획기

---

53) 미국의 경영학자 간트(Henry L. Gantt, 1861~1919)가 창안하였다. 일정관리기법(계

법55), 시간관리기법 등이 있다([그림 3-2], [그림 3-3] 참조).

획통제도표)으로 어떤 시점의 계획과 실적을 한눈에 대조할 수 있다. 계획된 작업과 그 성과를 같은 시간축에 직선으로 나타내어 공정, 순서계획, 일정계획, 작업할당을 짜고 일정을 통제·관리하는 도표로 널리 이용되고 있다. 그러나 사업진행시 활동의 수가 많은 경우에는 간트 도표를 사용하여 일정을 조정하고 다시 수립하기가 어렵기 때문에 대규모 사업관리에는 적합하지 않다. 이러한 단점을 극복하기 위해 계획평가 및 검토기법(PERT)과 주공정기법(CPM) 등이 개발되었다. 참고로 이주형·김성배 박사는 계획평가 및 검토기법(PERT: Program Evaluation and Review Techniques: 세 가지 시간 추정치를 이용하여 가중평균으로서 활동기간에 대한 기대치를 계산하는 방법)과 주공정기법(CPM: Critical Path Method: 네트워크의 개시단계에서 종료단계에 이르는 여러 경로 중 최장경로로 여유기간이 없는 공정)의 장점으로 다음과 같은 요소를 들고 있다.
- 상세설계 수립이 가능하고 변화나 변경에 신속한 대처가 가능함
- 총소요 기간의 신뢰성이 높음
- 네트워크상의 애로활동과 여유활동을 명확히 구분할 수 있음
- 자원의 효율적 사용이 가능함
- 사용에 제한이 있는 자원들을 주공정 활동으로 우선순위를 주거나 시점이 가까운 활동사이에 할당할 수 있음
- 시간을 단축하면서도 비용을 절감할 수 있음
- 관계자 전원이 참가하므로 의사소통이나 정보교환이 용이함

이주형·김성배, 「국방연구개발사업의 사업관리 기법연구: 사업관리자 중심으로」, 연구보고서 무05-2121(서울: 한국국방연구원 2005), p. 13.

54) 균형선기법은 반복작업에서 각 작업의 생산성을 유지시키면서 그 생산성의 기울기 (slope)로 하는 직선으로 각 반복작업의 진척을 표시하여 전체공사를 도식화하는 기법 으로 LSM(Linear Scheduling Method)기법이라고도 한다.

55) 네트워크 계획기법 가운데 대표적인 것으로 퍼트(PERT: Project Evaluation and Review Technique)와 CPM(Critical Path Method)을 들 수 있다. CPM은 1957년 뒤퐁 (Dupont)사가 화학공장의 보전을 위한 계획통제기법으로 개발한 것이며, 퍼트는 1958 년 미국 해군이 폴라리스 미사일 프로젝트(Polaris missile project)계획과 통제기법으로 개발한 것이다. 이 기법은 프로젝트를 효과적으로 수행할 수 있도록 네트워크를 이용하 여, 프로젝트를 일정·노력·비용·자금 등과 관련시켜 합리적으로 계획·관리하는 기법으로, 대규모의 복잡한 프로젝트의 계획과 분석, 일정계획과 통제에 적용된다. 원래 퍼트와 CPM은 사용 목적이나 모델이 상이하다. 퍼트는 연구개발처럼 대상업무 가 새로운 것을 취급하여 확률적인 추정치(probabilistic estimates)를 기초로 한 단계 (event)중심으로 프로젝트를 최단시간 내에 완성하고자 한 것인 데 반해, CPM은 과거 의 충분한 자료나 경험을 기초로 한 작업(activity)중심의 비확률적 시스템으로 목표기

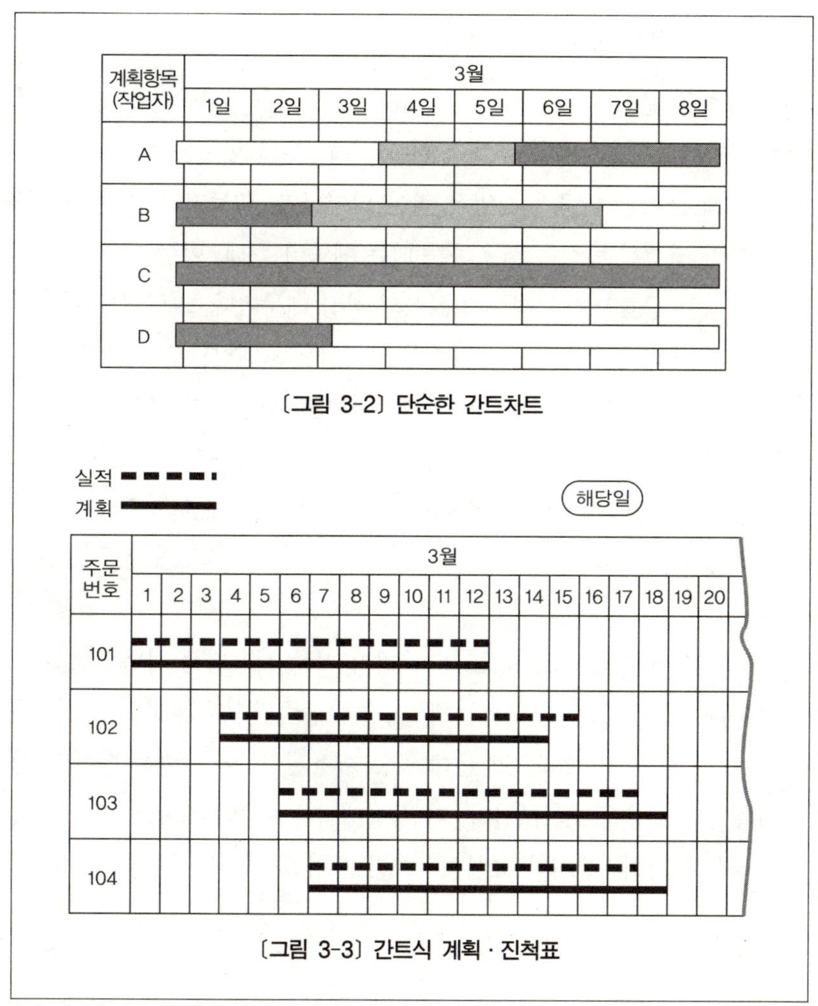

〔그림 3-2〕 단순한 간트차트

〔그림 3-3〕 간트식 계획·진척표

출처: 타나카 카즈나리 저/홍성수 역, 『생산관리』(서울: 새로운 제안, 2001), p. 112.

일의 단축과 비용최소화를 위해 개발되었다.

4.4. 의사결정 분석

의사결정 분석(decision-making analysis)은 어떠한 선택을 하느냐에 관한 과정이다. 그 동안 선택을 평가하는 데 계량화할 수 있는 수치를 제공하는 데 쓰이는 이론적 작업은 많이 있어왔다. 획득전략 측면에서 볼 때 이보다 정교한 방식을 사용하는 데는 제약이 큰데, 이는 계량화가 어려운 복잡한 상호작용 그리고 자료상의 한정 때문이다. 그럼에도 의사결정 이론의 개념이 획득전략의 개발과 실행에서 최대한도로 쓰일 수 있도록 하는 것이 바람직하다. 다음에 열거되는 방식이 널리 사용되는 의사결정의 분석형태이다. 이것은 국방당국의 업무현장에서 광범위하게 그 유용성이 입증된 바 있어서 국방획득 커뮤니티(community)에서 일반적으로 통용되고 있다.

■ 통계분석(statistical analysis) : 가장 자주 사용되는 기법으로 회귀분석(regression analysis)이 있는데, 이것은 종속변수와 설정된 독립변수의 가치기대치를 각각 측정하는데 주로 이용된다. 이 기법은 비용과 성과예측에서 중점적으로 쓰인다. 다른 통계적 분석 방식으로는 확률이론, 기하급수적 정리, 통계적 표본화, 그리고 가설시험 등이 있다.

| 보충설명 | **회귀분석**

우리는 사회현상이나 자연현상의 연구에서 흔히 둘 또는 그 이상의 변수가 서로 일정한 관계를 갖고 변화하는 것을 관측할 수 있다. 예를 들면 소득이 높은 가계는 대체로 지출이 높고, 광고비의 지출이 많으면 대체로

판매액이 많아지며, 지능지수가 높은 학생은 대체로 수학성적이 높게 나타난다. 이 때 이 변수 간의 관련성을 수학적인 함수식으로 나타낼 수 있다면, 한 변수의 변화가 다른 변수에 미치는 영향을 파악할 수 있게 될 뿐만 아니라, 다른 변수의 변화를 예측할 수도 있게 된다.

이와 같이 주어진 한 변수(종속변수 또는 반응변수)와 다른 변수(독립변수 또는 설명변수) 간의 관련성을 기술하고 평가하는 방법을 회귀분석이라고 한다. 즉 회귀분석이란 둘 또는 그 이상의 변수간에 존재하는 관련성을 분석하기 위하여, 관측된 자료에서 이들 간의 함수적 관계식을 통계적 방법으로 추정하는 방법이다.

일반적으로 종속변수(dependent variable)는 y로 나타내고, 독립변수(independent variable)들은 x_1, x_2.....x_k로 나타낸다. 이 때 하나의 독립변수(즉 $k=1$)만을 고려하는 분석방법을 단순회귀분석(simple regression analysis), 둘 이상의 독립변수(즉 $k>1$)를 고려하는 분석을 중회귀분석(multiple regression analysis)이라고 한다.

설명예제 1: 단순회귀분석

어느 도시에서 가구의 소득과 전력소비량 간의 관련성을 분석하기 위하여 회귀분석을 하는 경우를 생각해 본다. 먼저 이 도시의 가구 중에서 몇 가구의 표본을 무작위(random)로 추출하여 이들의 소득과 전력소비량을 조사하고, 다음에 이 자료를 이용하여 회귀방정식을 추정한다. 이렇게 추정된 방정식이 다음과 같다고 하자.

$$y = 10 + 0.2x$$

여기서 y는 전력소비량의 추정값이고, x는 소득을 나타낸다. 추정된 회귀방정식에서 우리는 x가 한 단위 변화하면 y는 0.2단위가 변화되는 것을 알 수 있고, 또 소득(x)이 만약 100이 되면 전력소비량의 예측값은 $10+0.2^x100=30$이 될 것으로 추정할 수 있다.

설명예제 2. 중회귀분석

어느 은행 각 지점의 홍보비용 및 지점의 크기와 예금유치액 간의 관련성을 분석하기 위하여 회귀분석을 하는 경우를 생각해 본다. 먼저 지점 중에서 몇 지점을 표본으로 무작위로 추출하여 이들의 홍보비용(x_1), 지점의 크기(x_2), 그리고 예금유치액(y)을 조사한다.

다음에 이 자료를 이용하여 회귀방정식을 추정한다. 이렇게 추정된 방정식이 다음과 같다고 치자.

$$y = 20 + 0.1x_1 + 0.2x_2$$

이 추정방정식에서 우리는 홍보비용이 한 단위 변화하면 예금유치액은 0.1단위 변화되고, 지점의 크기가 한 단위 변화하면 예금유치액은 0.2단위가 변화되는 것을 알 수 있다. 또 홍보비용(x_1)을 100으로 하고, 지점의 크기(x_2)를 50으로 하면 예금유치액의 예측값은 $20+0.1^x100+0.2^x50=40$이 될 것으로 추정할 수 있다.

출처: 이우리, 오광우, 『회귀분석: 입문 및 응용』(서울: 탐진, 2003), pp. 14~15.

2 모델링 및 시뮬레이션(Modeling and Simulation) 분석: M&S 분석은 소요제기·획득관리·분석평가는 물론, 군의 교육훈련까지를 과학적으로 지원하는 도구 및 수단을 총칭하는 개념이다. 그것의 적용분야는 무기체계 개발(획득)에서부터 군사훈련에 이르기까지 국방운영 전반에 걸친

핵심 분야들을 총망라하고 있다. 먼저 무기체계 획득분야에서는 무기체계 연구개발·시험평가·군수소요·성능평가 등에 적용되고, 분석분야에서는 전략·전술 및 군수·관리 결심지원과 전투개발·전력소요·부대능력·성과분석 등과 같은 분석평가 업무에 적용된다. 그리고 훈련분야에서는 개별 병사와 승무원의 장비조작 및 장비숙달 훈련과 지휘관·참모의 지휘결심 및 지휘절차 훈련에 적용된다. 특히 M&S는 무기체계 개발·시험평가 및 군사훈련 등의 분야에서 비용·기간 등을 최소화할 수 있는 효율적인 수단으로 인식되고 있으며, 〔그림 3-4〕는 M&S 체계를 묘사수준에 따라 계층적으로 표시한 것으로서 무기체계 획득단계별 적용분야를 제시하고 있다.

이 방식은 태생적으로 수리적 성격이 큰 모델의 구축과 주로 연관이 있는 것으로, 개별 요소의 행태가 해당체계 및 투입요소의 다양한 상태마다, 확률배분의 측면에서 예측가능한 경우가 많다. 이러한 모델은 적절한

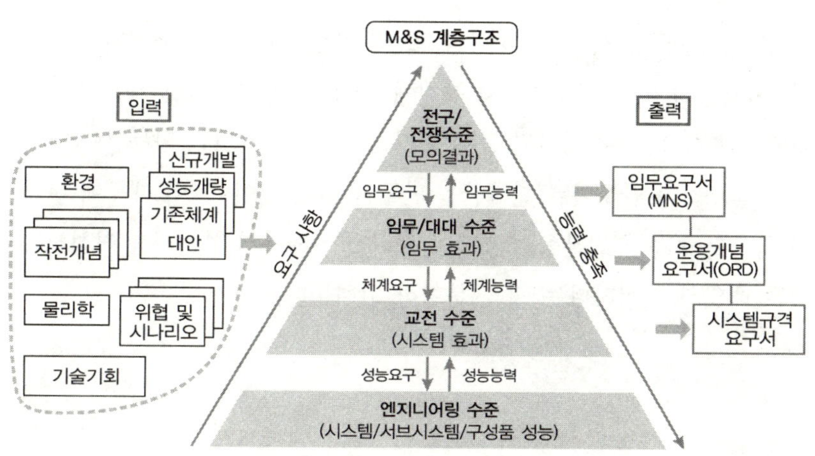

〔그림 3-4〕 M&S 체계의 계층구조

확률 배분에 의거하여 반복적으로 모의작용을 창출하기 위해 무작위 숫자들을 사용하여 작동하게 된다. 결과는 항공기와 같은 실제운용의 모의시험으로 나타나게 된다. M&S기법은 산업체와의 협력형태로 적용되어야 하며, 획득전략의 준비과정에서부터 수명주기에 걸쳐 이루어지는 것이 적절하다.

3 수학적 프로그래밍(mathematical programming) 분석: 선형계획법(linear programming)이 가장 널리 쓰인다. 공통적으로 적용되는 것은 경쟁 중인 최선 또는 최적의 활동 가운데 한정된 자원을 할당하는 문제와 연관된다. 모형화에서 쓰이는 모든 수학적 기능은 선형이다. 가장 중요한 적용영역은 자본예산화에 뒤따라 이루어지는 생산관리(제품비율의 혼합, 자원할당, 공장 및 기계의 일정지정, 그리고 작업일정 등)이다.

획득전략 문서(예)

본 획득전략 문서(예)는 하나의 모델, 혹은 가이드로서 제시되는 것이다. 획득전략은 각 프로그램의 특질에 따라 만들어지는 것이기 때문에, 어떤 지침이 되는 정형화된 틀은 없다. 지금까지 논의된 획득전략의 요소를 참조하여 간소화된 전략안을 만들면 되는 것이다. 이 때문에 다음의 획득전략 문서 견본을 참조하여 공식적인 획득전략 문서를 작성하는 것은 대단히 위험하다는 것을 분명히 밝혀둔다.

(O O O)
획득전략

I. 배 경

II. O O O 내용

II.1. 프로그램 정의 및 관리
II.1.1. 임무요구
II.1.2. 소요정의
II.1.3. 개념입증
II.1.4. 기술성숙도 수준
II.2. 획득간소화
II.2.1. 커뮤니케이션 전달수단
II.2.2. 프로그램 정보공유방법
II.3. 프로그램 관리계획
II.3.1. 정부 및 계약업체 책임규정
II.3.2. 통합생산팀(IPTs) 구성
II.3.3. 매트릭스 지원계획

III. 자금계획

III.1. 개념연구 수행자금
III.2. 년도별 비용요소 소요자금

IV. 일정계획

V. 획득접근

V.1. 개념입증전략
V.1.1. 목 표
V.1.2. 입 증
V.1.3. 무기체계의 개발 및 시스템공학
V.1.4. 개념입증 계약전략

제4장

획득전략의 실행

1. 실 행

이 장은 획득전략을 실행하는 과정에서 고려해야 할 요소, 획득전략에서 기능별 전략으로의 흐름, 그리고 획득전략의 수정 및 방향변경 등을 논의한다. 획득전략의 실행과정을 보여 주고 있는 〔그림 4-1〕을 보면, 획득전략이란 것이 일단 만들어 놓기만 하면 저절로 굴러가게 되는 그런 단순한 문서가 아니라는 점을 알 수 있게 해 준다. 때문에 해결안의 최종 국면인 실행을 위한 절차를 잘 계획해야만 하는 것이다.

획득전략을 개발하여, 그것을 문서화해서 상부로부터 승인을 받아 곧바로 기능계획을 준비한다 하더라도, 그것을 집행할 수 있는 충분한 재원마련이 어려워져서, 승인을 받지 못하게 될 경우에는 획득전략의 수정, 또는 개정을 요구받게 된다. 또 획득전략 자체에는 전혀 문제가 없음에도 불구하고, 상부에서 그것을 충분이 이해하지 못하기 때문에 충분한 효과를 올리지 못하고 퇴짜를 맞는 경우도 있을 수 있을 것이다.

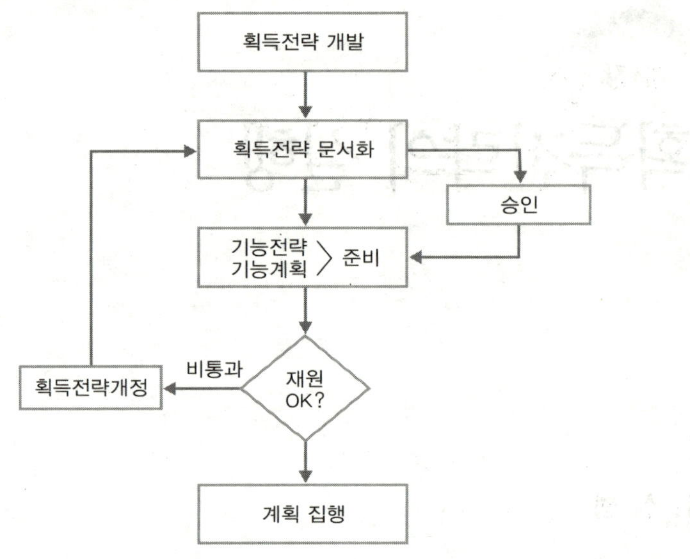

〔그림 4-1〕 **획득전략의 실행과정**

획득전략안을 직접 작성한 프로그램 관리자는 자기가 직접 작성했기 때문에 내용을 숙지하고 있을 뿐만 아니라, 피부로 느끼는 수준이라고 할 수가 있다. 그러므로 획득전략 내용만으로 고위 의사결정자들을 충분히 이해시킬 수 있다고 생각하기가 쉬울지도 모른다. 그러나 그것은 절대 그렇지 않다는 것, 잘못된 생각이라는 점을 강조한다.

두 가지 경우 가운데, 어떤 것이 되든지 간에 그것은 문서화작업을 다시 해야 하는 것이다. 따라서 획득전략을 단순히 수립하는 것만으로 안심하고, 그 이후의 진행에 신경을 쓰지 않는 우를 범해서는 안 된다. 간단히 말해 주의에 주의를 기울여 "유치원생도 아닌데 그렇게 까지 할 필요가 있을까"라고 생각할 정도로 철두철미하게 전략안을 마련해야 하는 것이다.

2. 실행과정과 하향흐름

획득전략은 기능별 계획의 실행과 통제를 통해서 관리된다. 통제의 3개 기능인 지시(direction), 검사(detection), 교정(correction)은 전략관리에 포함되어 있는 각종 활동들을 설명한다.

우선 지시는 계획을 시작하기 위해 사용되는 자원(인력, 시간, 재원 등)을 사용하는 과정이다. 검사란 각종 분석평가 기법을 통해서 당초 계획과 진행상황을 비교하는 것이다. 교정은 검사 이후, 후속조치가 요구되어 계획변화가 필요한 경우에 나타나게 된다. 지시와 교정의 연결고리에 해당되는 검사는 기능실시에 따른 내부(정부)와 외부(계약업체 및 여타 정부기관) 성과의 체계적 검증을 제공하기 위해 경영정보시스템(MIS)[56]과 같은 다양한 기법을 포함시키는 것이다. 여기에 반드시 포함되어야 할 부분은 비용통제, 일정통제, 기술관리, 위험관리, 그리고 계약관리 등이다.

프로그램 관리자는 MIS와 통합디지털환경(IDE)을 조기에 착수시켜서 프로그램 담당부서, 국방당국, 그리고 계약업체의 필요를 충족시키고, 규정에 명기된 보고소요를 잘 따를 수 있도록 해야 한다.

획득전략에는 프로그램 관리자가 목표를 달성하기 위해 반드시 수행해야 할 세부적인 사업들이 진술되어 있으며, 해당 프로그램의 전반적인 방향을 지시한다. 물론 획득전략에서 세부적인 내용이 완전히 포함되는

---

56) 경영정보시스템(Management Information System)은 기업경영에서 의사결정의 유효성을 높이기 위해 경영 내외의 관련 정보를 필요에 따라 즉각적으로, 그리고 대량으로 수집·전달·처리·저장할 수 있도록 편성한 인간과 컴퓨터와의 결합 시스템을 의미한다.

것은 아니지만, 해당 프로그램의 전체 수명주기에 걸친 주요 현안의 명확한 이해를 제공하는 기능을 하는 것이다. 따라서 일종의 로드맵, 즉 계획을 세우기 위한 계획이라고 볼 수 있다.

획득전략이 체계의 위협평가, 임무요구서, 작전소요서 등으로부터 나온 것처럼, 기능전략 및 계획은 획득전략에서 파생되어 나오는 것이다. 〔그림 4-2〕는 이러한 관계를 잘 보여 주고 있다. 획득전략은 광범위하며 체계수명주기 전반을 염두에 두지만, 기능전략 및 기능계획은 해당 프로그램의 구체적인 측면을 집중해서 세부적으로 기술하는 것이다.

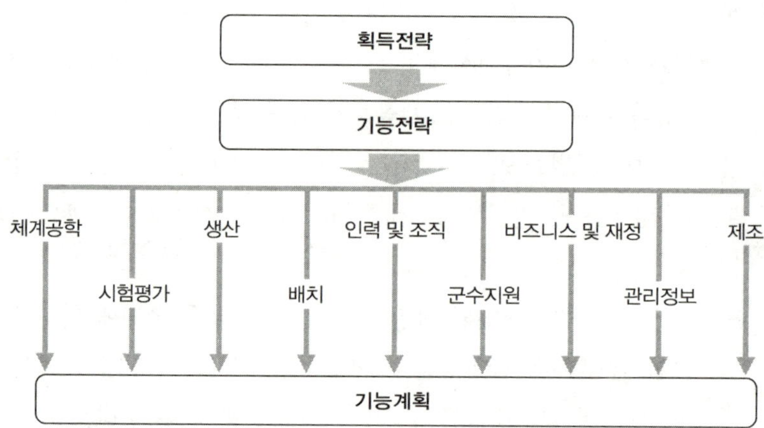

〔그림 4-2〕 획득전략의 기능전략과 기능계획으로의 흐름

3. 기존 획득전략으로부터의 변경

아무리 현실성, 안정성, 자원균형, 유연성, 그리고 위험관리 등을 만

족시키는 좋은 획득전략이라 할지라도 당초 수립되었던 차원을 넘어서는 다양한 환경적 요인 때문에 바뀔 가능성은 얼마든지 있다.

포괄적이고 유용한 획득전략의 준비를 위한 귀결점 가운데 하나가 해당 전략의 수정을 요구할 수 있는 미래 우발적 사안의 대비책을 확실히 준비하는 것이다. 바로 이 때문에 앞서 제2장에서 언급한 유연성 요소가 대단히 중요한 것이다.

획득전략 변경의 필요성이 시급하며, 프로그램의 위험이 전략변경으로 인해 보다 잘 관리될 수 있다면, 변경하는 것, 자체는 당연하고 바람직한 것이다. 그러나 변경이 프로그램의 위험을 가져올 수도 있기 때문에, 새로운 환경에 맞춰서 프로그램의 위험분석 또한 동시에 이루어져야 한다. 조달물량의 가시적 변화, 고위정책결정자 수준의 지지변화는 획득전략에 가시적인 변화를 요구하는 사안으로 들 수 있을 것이다.

변경은 시급한 여건에서의 과도적 조치로 간주되어야 하며, 의사결정당국(MDA)으로부터 획득전략 갱신의 승인을 얻는 것과 더불어 지체없이 이루어져야 한다. 변경을 실시하기 위해 필요한 일련의 프로그램상의 논리적으로 체계적인 조치사항을 간략하게 제시해 보면, 첫째 획득전략의 변경을 정당화시키는 데 필요한 위험분석을 실시하고, 둘째 위험분석 실시를 토대로 의사결정당국(MDA)으로부터 변경승인을 획득하고, 셋째 승인된 변경조치를 곧바로 실행에 옮기고, 넷째 관련기관과 계약업체의 획득전략 및 기능계획 변화에 관련된 사안을 즉각 통보하고, 다섯째 적절한 프로그램 획득전략 및 계획안을 마련하고, 여섯째 변경된 획득전략 및 계획안을 제출·승인을 받고, 일곱째 공식적으로 승인된 획득전략과 계획을 관련기관 및 계약업체에 공식통보하는 것이다.

여기에 해당하는 계획에는 획득계획, 시험 및 평가종합계획(TEMP),

위험관리 계획, 운용지원계획, 지휘통제 및 정보 그리고 컴퓨터(C4I) 지원계획, IDE 계획, 그리고 기타 다른 여러 계획 등을 들 수 있다. 이들에 대한 적시실행은 해당 프로그램 요원과 통합생산팀(IPTs) 요원들로 하여금 새로운 획득전략에 맞도록 기존 노력의 방향수정을 할 필요성을 인지시키도록 보장해 준다.

|참|고|문|헌|

I. 영문

1. Books

Chairman of the Joint Chiefs of Staff Manual(2004), *Operation of the Joint Capabilities Integration and Development System*, CJCSM 3170.01A, 12 March.

Defense Acquisition University Press(2001), *Introduction to Defense Acquisition Management, Fifth Edition*, Fort Belvoir: DAU Press.

DSMC (1999), *DSMC Program Managers Tool Kit, Ninth Edition*, Fort Belvoir: DSMC, March.

DSMC(2001), *Introduction to Defense Acquisition Management, Fifth Edition*, Forst Belvoir: DSMC, January.

Faughn, Anthony W. (2001), *Interoperability: Is it Achievable?*, Harvard University: Center for Information Policy Research.

Joint Publication 1-02, *Department of Defense Dictionary of Military Terms*, Washington, D.C.: U.S. Govt. Printing Office(online), URL: http://www.dtic.mil/doctrine/jel/doddict.

Jones, Jr., Wilbur D. (1996), *Congressional Involvement and Relations: A Guide for Department of Defense Acquisition Managers*, Fort Belvoir: DSMC, April.

Kock, Ned, Murphy, Frederic (2001), *Redesigning Acquisition Processes: A New Methodology Based on the Flow of Knowledge and Information*, Fort Belvoir: Defense Acquisition University Press.

2. Articles

ARQ(2003), "Special Issue on Risk Management," *Acquisition Review Quarterly*, Vol. 10, No. 2, Spring.

Anderson, Frank and Dare, Rob and Stillman, Rich (2004), "The Hanscom Learning Organization," *Defense AT&L*, September-October, Vol. XXXIII, No. 5.

Beaugureau, Denny F. (2003), "Interoperability Testing and the New Acquisition Guidance: Joint Interoperability Test Command Embraces the Ideals-Test and

Evaluation." *Program Manager*, July-August. http://findarticles.com/p/articles/mi_m0KAA/is_4_32/ai_111202134.

Bolles, Mike (2003), "Understanding Risk Management in the DoD," *Acquisition Review Quarterly*, Vol. 10, No. 2, Spring.

Brown, David P. and McVay, Tanmi, "Weblog Technology for Acquisition Program Management," *Defense AT&L*, Vol. XXXIV, No. 2, March-April.

Ceylan, B. Kagan, Ford, David N. (2002), "Using Options to Manage Dynamic Uncertainty in Acquisition Projects," *Acquisition Review Quarterly*, Vol. 9, No. 4, Fall.

Coleman, Richard L., Summerville, Jessica R., Dameron, Megan E. (2003), "The Relationship Between Cost Growth and Schedule Growth," *Acquisition Review Quarterly*, Vol. 10, No. 2, Spring.

Conrow, Edmund H. (2003), "Development of Risk Management Defense Extensions to the PMI Project Management Body of Knowledge," *Acquisition Review Quarterly*, Vol. 10, No. 2, Spring.

Farkas, Kenneth.(2003), "Evolutionary Acquisition Strategies and Spiral Development Processes: Delivering Affordable, Sustainable Capability to the Warfighters-Acquisition Processes," *Program Manager*, July-August. http://findarticles.com/p/articles/mi_m0KAA/is_4_32/ai_111202133.

Farr, John V., Johnson, William R., and Birmingham, Robert P.(2005), "A Multitiered Approach to Army Acquisition," *Defense Acquisition Review Journal*, Vol. 12, No. 2, April-July.

Gadeken, Owen C. (2004), "The ideal Program Manager: A View from the Trenches," *Defense AT&L*, Vol. XXXIII, No. 3, May-June.

Gasiorek-Nelson, Sylwia.(2003), "Knowledge Sharing System and Communities of Practice," *Program manager*, Vol. XXXII, No. 5, September-December.

Hawthorne, Skip and Lush, Ramona (2002), "Evolutionary Acquisition and Spiral Development," *The Journal of Defense Software Engineering*, August(online)

Kaniss, Al.(2005), "Acquiring All You Need to Maintain Your Software," *Defense AT&L*, March-April.

Shaffer, Al.(2003), "Transitioning S&T Programs"(online)

Shepherd, Bill.(2003), "Managing Risk in a Program Office Environment," *Acquisition Review Quarterly*, Vol. 10, No. 2, Spring.

Slate, Alexander R. (2003), "The Underlying Keys to Acquisition: Needs, Requirements, Prioritization, Asset Allocation-Acquisition Process," *Program Manager*, July-August. http://findarticles.co,/p/articles/mi_m0KAA/is_4_32/ai_111202137.

Turk, Wayne. (2005), "Requirements Management: A Template for Success," *Defense AT&L*, Vol. XXXIV, No. 2, March-April.

Ward, Dan. (2004), "The Program Manager's Dilemma," *Defense AT&L*, Vol. XXXIII, No. 3, May-June.

Wynne, Michael. (2004), "The Case for Transatlantic Cooperation - A U.S. Perspective," *Defense AT&L*, Vol. XXXIII, No. 5, September-October.

II. 국문

1. 단행본

김종하(2001), 「무기획득 의사결정: 원칙, 문제 그리고 대안」 개정증보판, 서울: 책이된 나무.

다타카 가르나리, 홍성수 역(2001), 『생산관리』, 서울: 새로운 제안.

_____(2002), 『미래전쟁과 국방획득: 한국군 무엇을 준비해야 하나』, 서울: 책이된나무.

이우리, 오광우(2003), 『회귀분석: 입문 및 응용』, 서울: 탐진.

이주형 · 김성배(2005), 「국방연구개발사업의 사업관리기법 연구: 사업관리자 중심으로」, 연구보고서 무05-2121, 서울: 한국국방연구원.

황동준, 한남성, 이상욱(1990), 『미국의 대한 안보지원평가와 한미방위협력 전망』, 서울: 민영사.

2. 논 문

김종하(2001), "지식기반 국방획득을 위한 정책주창", 『국방저널』, 8월.

부록1
|획|득|관|련|용|어|

AIS: Automated Information System 자동화정보체계

AOA: Analysis Of Alternatives 대안분석

AP: Acquisition Program 획득 프로그램

AP: Acquisition Plan 획득계획

AS: Acquisition Strategy 획득전략

C4I: Command, Control, Communications, Computers, and Intelligence 지휘, 통제, 커뮤니케이션, 컴퓨터 그리고 정보

CAIV: Cost as an Independent Variable 독립변수로서의 비용

CDD: Capability Development Document 능력개발서

CE: Concept Exploration 개념탐색

CERS: Cost Estimating Relationships 비용측정관계

COP: Common Operating Picture 공통작전그림

CPD: Capability Production Document 능력생산서

CRD: Capstone Requirement Document 중추소요서

DPG: Defense Planning Guidance 국방기획지침

DT&E: Developmental Test and Evaluation 발전적 시험평가

EA: Evolutionary Acquisition 진화론적 획득

EMDL: Engineering & Manufacturing Development 공학 및 제조개발

PDRR: Program Definition & Risk Reduction 프로그램 정의 및 위험감소

ICE: Initial Capabilities Document 초기능력서

IDE: Integrated Digital Environment 통합디지털환경

ITS: Information Technology System 정보기술체계

IPPD: Integrated Product and Process Development 통합생산 및 과정개발

IPT: Integrated Product Team 통합생산팀

LCC: Life Cycle Cost 수명주기비용

LFT&E: Live Fire Test and Evaluation 실사격 시험평가

LOB: Line Of Balance 균형선

LS: Logistics Support 군수지원

M&S: Modeling & Simulation 모델링 및 시뮬레이션

MAA: Mission Area Analysis 임무영역분석

MAIS: Major Automated Information System 주요 자동화 정보체계

MDA: Milestone Decision Authority 의사결정당국

MDAP: Major Defense Acquisition Program 주요 국방획득프로그램

MNA: Mission Need Analysis 임무요구분석

MNS: Mission Need Statement 임무요구서

MTR: Military Technical Revolution 군사기술혁명

NDI: Non-Development Item 비개발품목

NSS: National Security System 국가안보체계

ORD: Operational Requirements Document 작전소요서

OT&E: Operational Test and Evaluation 작전적 시험평가

PM: Program Manager 프로그램 관리자

RAM: Reliability and Maintainability 신뢰도 및 유지도

RFP: Request For Proposal 제안요구서

RMA: Revolution in Military Affairs 군사면의 혁명

T&E: Test and Evaluation 시험 및 평가

TDP: Technical Data Package 기술자료묶음

TEMP: Test & Evaluation Master Plan 시험평가기본계획

TOC: Total Ownership Cost 총소유권비용

PURPOSE (Revised 06/2001)

The Acquisition Strategy Paper defines the business and technical approach the Integrated Product Team will use to implement the acquisition program within constraints of the Acquisition Program Baseline. It consolidates planning that was recorded in separate documents prior to implementation of the Acquisition Management System such as the Acquisition Plan, Program Management Plan, Program Implementation Plan, Risk Management Plan, Human Factors Plan, and Integrated Logistics Support Plan.

DESCRIPTION (Revised 06/2001)

The Acquisition Strategy Paper documents the strategy for executing the program during the Solution Implementation and for managing fielded products and services during In-Service Management. It is based on market surveys and analysis conducted during Investment Analysis. The Acquisition Strategy Paper defines management roles and responsibilities for key program participants, and addresses the entire job of acquiring, fielding, and managing the required capability. For many programs, this includes the acquisition of systems and equipment, the modification or construction of facilities, improvements to the physical infrastructure, the acquisition of real estate, the functional integration of complex hardware and software, and the procurement of specialized services. The Acquisition Strategy Paper also integrates planning for all functional disciplines associated with program implementation such as systems engineering, system safety management, in-service support, test and evaluation, security, quality assurance, human integration, and configuration management, as appropriate.

Development of the Acquisition Strategy Paper is the primary task of the Integrated Product Team immediately after program approval at the Investment Decision. It is the basis for the Integrated Program Plan, which defines the detailed actions and work activities that will be executed to achieve program requirements.

APPROVAL (Revised 10/2003)

The Director of the providing organization and the Director, NAS Operations approve the Acquisition Strategy Paper and any update or revision to it. The Acquisition Strategy Paper must be updated for any subsequent corporate decision concerning the acquisition program,

or when there is a significant change to the Acquisition Program Baseline.
Note: The Acquisition Strategy Paper must be approved before release of a Screening Information Request or Request for Offer for a proposed contract, transfer of funds, or commitment to any interagency agreement for program implementation. Requests for information may be released before approval.

DISTRIBUTION (Revised 06/2001)

Distribute copies of the approved Acquisition Strategy Paper to all headquarters, regional, and other personnel associated with the program. Send a copy to ACM-1, NAS Configuration Management and Evaluation Staff, which maintains a central repository of approved acquisition documents for the Joint Resources Council.

CONTENT (Revised 10/2003)

The following summarizes the content of the Acquisition Strategy Paper. A complete template and instruction is available in FAST via the Internet at http://fast.faa.gov. The Acquisition Strategy Paper template must be used when preparing the Acquisition Strategy Paper.

Signature Page.Include: the title "Acquisition Strategy Paper" and name of the acquisition program; version number; signature of the Director of the providing organizations and the Director, NAS Operations and approval dates, and the name, organizational code, phone number and FAX number of contacts for the sponsoring organization and the Integrated Product Team. (Revised 10/2003)

Table of Contents. List every section, subsection, and other element in the Acquisition Strategy Paper and provide the page number.
Background.Briefly summarize the mission need and any other high-level agency document supporting this acquisition program. Briefly summarize the status of the program. Identify the key products of the acquisition program.

Overview. Describe the overall strategy for achieving the capability specified in the Acquisition Program Baseline, and explain why it is appropriate for the risk and special conditions and constraints associated with the acquisition program. Identify all key elements of the program including, as appropriate, system/equipment acquisition, facility construction or modification, physical infrastructure modifications, functional integration with existing capabilities, and procurement of services.

Funding. Use the funding table format in the Acquisition Strategy Paper Template found on FAST to display RE&D, F&E, and OPS funding by fiscal year in then-year dollars for the acquisition program. Be consistent with the cost requirement in the Acquisition Program Baseline. (Revised 06/2001)

Schedule.Use the schedule table format in the Acquisition Strategy Paper Template found on FAST to display the schedule for primary program events and milestones by fiscal year. Be consistent with the schedule baseline in the Acquisition Program Baseline.

(Revised 07/2001)

Benefits. Describe how benefits in the Acquisition Program Baseline will be tracked and verified during in-service management of the products and services of this acquisition program.

Management. Define the strategy for managing this acquisition program including: the roles and responsibilities of all supporting organizations and individuals; how the program will be controlled (i.e., how progress will be measured, reported, evaluated, and acted on); how contractors supporting the program will be managed; and how requirements and risk will be managed). Describe the contracting strategy for each procurement and explain how or whether competition will be achieved. For each contract, describe how the contractor's costs will be audited beforeand after contract award. Describe if supplier process capability will be evaluated for selection and process improvement required during the performance period. Explain the strategy for ensuring an appropriate system safety program will be implemented by both the Integrated Product Team and contractors. (Revised 10/2003)

Physical Integration. Explain the strategy for integrating the products of this acquisition program into the physical environment for the following, as appropriate: real estate, space, environment, energy conservation, heating, ventilation, air conditioning, grounding, bonding, shielding lightning protection, cables, hazardous materials, power systems and commercial power, spectrum protection, telecommunications, special considerations.

Functional Integration.Explain the strategy for integrating the products of this acquisition program with other elements of the National Airspace System (NAS) and non-NAS capabilities. Explain the strategy for satisfying requirements related to hardware/software integration, spectrum management, and standardization. (Revised 06/2001)

Human Integration. Explain the strategy for ensuring the product(s) of this acquisition program will be appropriate for the human workforce that will operate and maintain it. This includes optimizing the human-product interface to achieve best performance from a total product perspective, as well as satisfying requirements related to employee heath and safety and obtaining special skills and capabilities for operators, maintainers, and support personnel.

Security. Explain the strategy for satisfying requirements related to physical security, contractor-unique security, all information and information systems security, and personnel security. (Revised 06/2001)

Integrated Logistics Support. Explain the strategy for satisfying requirements related to the support of products of this acquisition program for the following, as appropriate: staffing, supply support, support equipment, technical data, training and training support, first and second level repair, packaging, handling, shipping, and transportation. (Revised 02/2001)

Test and Evaluation. Explain the strategy for satisfying test and evaluation requirements including, as appropriate: mandatory evaluations of safety, spectrum engineering, environmental, and energy conservation issues prior to joint acceptance and inspection, system testing, operational testing at the FAA William J. Hughes Technical Center before testing at an operational site, independent operational test and evaluation, and field familiarization testing. Be sure the test strategy fully addresses test conditions, the test environment, test resources, test sites, test tools, test personnel, test plans and test reports. (Revised 06/2001)

Implementation and Transition.Explain the strategy for satisfying requirements related to transition from the current capability to the new capability so on-going operations are not disrupted. Typically, this encompasses implementation planning, pre-installation checkout, installation and checkout, site integration, system shakedown, dual operations, and removal/disposal of replaced systems, equipment, land, facilities, and other items.

Quality Assurance. Explain the strategy for satisfying quality assurance requirements related to contractor status reporting, metrics, in-plant Quality Reliability Officers, independent verification and validation, vendor quality assurance, and Capability Maturity Model assessment of the software development processes of potential suppliers. (Revised 06/2001)

Configuration Management.Explain the strategy for satisfying requirements associated with managing the configuration of hardware, software, facilities, data, interfaces, tools, and documentation throughout the lifecycle of the acquisition program.

In-Service Management.Explain how the product or services of this program will be monitored and evaluated during the In-Service Management phase to provide the basis for sustaining and optimizing operations, and for planning major upgrades that will be needed to satisfy future demand for services.

Template for the Acquisition Strategy Paper (Revised 10/2003)

This template provides guidance for preparing the Acquisition Strategy Paper. It supplements information found in Appendix B of the FAA Acquisition Management System. Text of the template that is italicized is intended to guide preparation of the Acquisition Strategy Paper. Non-italicized text defines the format and structure of the document (title page, table of contents, section head and numbers, tables and titles). Not all sections of the Acquisition Strategy Paper template apply to every acquisition program, particularly requirements that will be satisfied by human resource services. Simply state "not applicable" for those sections, which do not apply.

Acquisition Strategy paper

(program name)

Approved by: Signature: Date:

(Director, NAS Operations)(revised 10/2003)

Approved by: Signature: Date:

(Director, Providing Organization)(revised 10/2003)

Submitted by: Signature: Date:

(Appropriate Preapring Organization0

Sponsor Focal Point	**IPT Focal Point**
Name	**Name**
Code	**Code**
Phone Number	**Phone Number**
Fax Number	**Fax Number**

Federal Aviation Administration

800 Independence Avenue

Washington, D.C. 20591

Acquisition Strategy Paper
Table of Contents

1 BACKGROUND (Revised 07/2001)

1.1 Mission Need

Identify the Mission Need Statement and the part of any other high-level agency document supporting the need for this program (e.g., FAA Strategic Plan). Briefly summarize the mission need this program is intended to satisfy.

1.2 Status. (Revised 07/2001)

State whether this is the initial Acquisition Strategy Paper or a revision. If this is a revision, summarize briefly the reason for the change. Cite any top-level management direction since the last approval. The Integrated Management Team or equivalent directors of sponsoring and performing organizations approves only major changes to the Acquisition Strategy Paper as a result of changes to the Acquisition Program Baseline or management direction.

2 OVERVIEW

2.1 Program Scope

Briefly characterize the primary objectives of this acquisition program (e.g., is this program intended to procure commercial or non-developmental systems or equipment? Modify or upgrade existing facilities? Design and construct new facilities and populate them with existing hardware? Develop and install new systems in existing or modified facilities? Procure needed services?). Identify and describe briefly all key elements of this program (e.g., procurement of systems or equipment, modification or construction of facilities, changes in the physical infrastructure, development of functional interfaces, procurement of installation or support services).

2.2 Products.

Identify and describe briefly the key products of this acquisition program.

3 FUNDING (Revised 10/2003)

Use the format of Table 1 to display program funding by appropriation RE&D, F&E, and OPS, fiscal year, and cost breakout element in then-year dollars. Use the same cost breakout elements and be consistent with the Acquisition Program Baseline. If this is a jointly funded program, show other government agency funding.

Table 1. Program Funding
Change (#)
(Then-year $M)

Cost Element	Appro-priation	FY 1	FY 2	FY 3	FY 4	FY 5	FY 6	FY 7	FY 8	FY 9	FY 10	FY 11	FY 12	FY "n"	Cost at Completion
Program Management	*RE&D* *F&E* OPS														
Test and Evaluation	*RE&D* *F&E* OPS														
Training	*RE&D* *F&E* OPS														
Data Management	*RE&D* *F&E* OPS														
Physical Integration	*RE&D* *F&E* OPS														
Systems and Equipment	*RE&D* *F&E* OPS														
Implementation	*RE&D* *F&E* OPS														
Product Support	*RE&D* *F&E* OPS														
Operations and Maintenance	*RE&D* *F&E* OPS														
In-Service Support	*RE&D* *F&E* OPS														
In-Service Monitor, Assess, Sustain	*RE&D* *F&E* OPS														
Disposal of Replaced Assets	*RE&D* *F&E* OPS														
Total Program Cost	*RE&D* *F&E* OPS														

The following cost elements and cost factors are representative of what may need to be funded and implemented by the acquisition program:

Cost Element	Cost Factors
Activities External to Program	Remote maintenance monitoring Rulemaking changes Activities by other acquisition programs Airport and local government activities Regulatory activities

Cost Element	Cost Factors
Facilities (Revised 07/2001)	Architect & Engineering design Site-specific design Construction
Systems/Software	Development Engineering Production Reviews and audits
Physical Integration	Real estate Space Environmental engineering Energy conservation Heating, cooling, air-conditioning Abatement engineering Civil engineering Power system Telecommunications Hazardous materials Grounding, bonding, shielding, and lightning protection Cables Roads Sewage
Functional Integration (Revised 07/2001)	National Airspace System integration Non-National Airspace System integration Software integration Spectrum management Standardization
Human Integration	Human/product interface Employee health and safety Special skills and capabilities
Security (Revised 07/2001)	Information security Physical security Personnel security

Cost Element	Cost Factors
In-Service Support	Staffing Supply support Support equipment Technical data Training and training support First and second level repair Packaging, handling, storage, and transportation
Test and Evaluation,	Test plans, procedures, reports Test equipment/tools, including aircraft Test staff and training Test simulators, simulations, modeling Test articles Test testbeds and test facilities
Independent Operational Test & Evaluation (Revised 07/2001)	Test plans, procedures, reports Test equipment/tools, including aircraft Test staff and training

Configuration Management	*Functional baseline* *Development Baseline* *Product baseline* *Physical configuration audit* *Functional configuration audit* *Configuration change management* *Documentation management*
Quality Assurance	*Contractor quality management* *Cost/schedule/performance management*
Implementation	*Planning* *Pre-installation checkout* *Installation and checkout* *Site integration and shakedown* *Dual operations* *Removal/disposal of replaced assets*

Cost Element	Cost Factors
In-Service Management	*Monitoring, assessing, optimizing product performance* *Evaluating capability versus projected demand*
Sustainment Engineering (Revised 07/2001)	*Replacing obsolete hardware/software components* *Sustaining performance*
Program Support Services (Revised 10/2003)	*Program management/technical support* *Procurement activities* *Pre and post-award Contract audits* *Supplier Process Capability Evaluations and Process Improvement appraisals. (Added 10/2003)* *Special analysis and studies* *Safety risk management (Added 07/2001)*
Operations and Maintenance	*Operational/maintenance resources required by the Integrated Product Team for fielded products*

4 SCHEDULE (Revised 07/2001)

Provide the program schedule by fiscal year for primary program events and milestones by program element. Be consistent with the Acquisition Program Baseline. The following are representative program elements and events/milestones for a complex program to indicate the range of strategic planning that may be required.

Program Element	Event/Milestone
Planning	*Requirements Document approved* *Acquisition Program Baseline approved* *Acquisition Strategy Paper approved* *Integrated Program Plan approved*
Facilities (Revised 07/2001)	*Architect & Engineering contract awarded* *Architect & Engineering design complete* *Site-specific designs complete* *Sites) prepared* *Construction contract awarded* *Beneficial occupancy date*

Program Element	Event/Milestone
Systems/Software (Revised 07/2001)	*Development screening information request released* *Development contract awarded* *Preliminary Design Review complete* *Critical Design Review complete* *Full production decision* *Production screening information request released* *Production contract awarded* *First article delivery* *Production units delivered*
System safety management (Added 07/2001)	*Subsystem hazard analysis (if required)* *System hazard analysis complete (if required)* *Operating and support hazard analysis complete* *Hazard tracking and risk resolution*
Physical Integration (Revised 07/2001)	*Environment studies complete* *Civil engineering studies complete* *Abatement activities complete* *Site(s) selected* *Site(s) procured* *Power systems screening information request released* *Power systems delivery* *Telecommunications screening information request released* *Telecommunications operational* *Cable screening information request released* *Cables delivered* *Roads/sewage procured*
Functional Integration (Revised 07/2001)	*Interface requirements defined* *Interfaces functional* *Software interface requirements defined* *Software interfaces functional* *RMMS/NIMS available* *Operational readiness dates of interfacing systems and equipment* *Airline equipage actions complete* *Actions by regulatory bodies complete* *Actions by airport authorities or local governments complete* *Defense department or other agency agreements finalized* *Rulemaking changes complete* *Actions by other programs complete* *Actions by operations or maintenance organizations complete*
Program Element	Event/Milestone
Human Integration	*Human-product interface design complete* *Special skills and training identified* *Training courses established* *Health and safety issues defined*
Security (Revised 07/2001)	*Physical security requirements defined* *Physical security designed* *Physical security procured* *Physical security fielded* *Information security defined, designed, acquired, fielded* *Personnel security defined, designed, acquired, fielded*
In-Service Support	*Support needs defined, procured, fielded (staffing, supply support, training and training support, support equipment, first and second level maintenance, packaging, handling, storage, and transportation, technical data)*

Test and Evaluation (Revised 07/2001)	*Operational capability demonstration/test (may be element of source selection)* *Prototype testing complete* *Factory acceptance testing complete* *Operational testing complete* *Facility/equipment integration testing complete* *Independent Operational Test & Evaluation Readiness Declaration* *Site acceptance testing complete* *Field familiarization testing complete*
Independent Operational Test and Evaluation (Revised 07/2001)	*Test plans, procedures complete* *Independent Operational Test & Evaluation complete* *Independent Operational Test & Evaluation report delivered*

Program Element	*Event/Milestone*
Implementation and Transition	*Pre-installation checkout complete* *Installation and checkout complete* *Joint acceptance inspection complete* *In-service decision* *Initial operational capability* *Full operational capability* *First Operational Readiness Date* *First commissioning* *Last Operational Readiness Date* *Last commissioning*
Configuration Management	*Functional baseline defined* *Development baseline defined* *Functional configuration audit complete* *Physical configuration audit* *Product baseline defined*
Quality Assurance (Revised 07/2001)	*Quality Reliability Officers on site* *Cost/ schedule/ status/ reporting delivery*
In-Service Management	*Product monitoring capability in place* *Product evaluation capability in place*

5 PERFORMANCE (Revised 10/2001)

5.1 Program Strategy

Describe the overall approach for achieving the capability required in the Acquisition Program Baseline. Briefly define the strategy for implementing each key element of the program defined in Section 2.1 Program Scope (e.g., systems/equipment/software element, facilities element, infrastructure element, services element, etc.). For example, is developmental activity needed for hardware/software or will COTS/NDI equipment be procured? Will a new facility be designed and constructed or will existing facilities by modified? How will needed physical infrastructure modifications (e.g., roads, telecommunications, power, space, HVAC) be achieved? Explain why this approach is appropriate for the complexity and risk associated with program implementation, as well as any special conditions or constraints (e.g., requirement for open architecture and modular design to facilitate modernization and supportability of fielded products, requirement to interface with specific existing systems, requirement to operate within specific manning levels, requirements for compatibility with international standards).

5.2 Management Strategy (Revised 04/2003)

5.2.1 Expanded Product Team. Use table format to define the roles and responsibilities of organizations and individuals related to implementation of this acquisition program. Include all relevant functions and disciplines such as facility design and modification, systems engineering, production, telecommunications engineering, test and evaluation, in-service operations and support, physical integration, functional integration, deployment, configuration management, quality assurance, human factors, and security. Include the name, title, office symbol, telephone number, and FAX number of expanded product team members. Identify points of contact with other National Airspace System programs and organizations that interface with or have an impact on this program. Be sure all are involved in preparing this Acquisition Strategy Paper, as appropriate. Tie to the Integrated Product Development System Product Team Plan, as appropriate. (Revised 07/2001)

5.2.2 Program Control. Explain how program activity will be planned, measured, reported, evaluated, and acted on. Identify what performance metrics will be used. Identify the mechanisms that will be used to coordinate and report activity (e.g., monthly status reviews, quarterly regional reviews, semi-annual acquisition reviews).

5.2.3 Contract Management. Explain how prime and support contractors for this program will be managed. Include quality assurance, contract administration, and process capability evaluation and appraisal of process improvement during performance. Identify what kind of cost/schedule/performance tracking will be used to monitor contractor status and progress. Describe how the contractor's costs will be audited before award, during performance, and at completion. Identify responsible organizations/individuals in section 5.2.1. (Revised 10/2003)

5.2.4 Requirements Management. Describe how requirements in the Acquisition Program Baseline will be managed and controlled for the life of this program. Explain how site-specific requirements will be determined,controlled, and managed. Explain how the impact on cost, schedule, and benefits from changes in program requirements will be determined and factored into program baselines and decisions.

5.2.5 Risk Management. Identify primary cost, schedule, and technical risks associated with this acquisition program, including risks associated with environmental requirements and safety hazards which historically have delayed program implementation. Describe the risk management strategy that will be used to mitigate risk as the program matures, as well as how risk factors will be identified, tracked, analyzed, reported, and corrected.

5.2.6 System Safety Management. Explain the strategy for ensuring an appropriate system safety program will be implemented by both the Integrated Product Team and system contractor(s). (Added 07/2001)

5.3 Procurement Strategy

Identify what acquisition streamlining actions will be used (e.g., release of draft information to industry for comment, use of oral proposals, pre-qualification of contractors, etc.). Identify how all products and services required for implementation of this acquisition program will be procured, including tasking and funding sent to other agencies and organizations. Provide the following information for each procurement, as applicable:

5.3.1 Sources. Identify prospective sources that can satisfy the need as identified by market research and other means. State whether a Qualified Bidders List will be used. Discuss how small and small disadvantaged businesses will participate. For software-intensive procurements, standardized instruments such as the Capability Maturity Model Evaluations can identify prospective sources which have mature software acquisition, development, and maintenance processes.

5.3.2 Source Selection. Identify how the successful offeror will be selected (e.g., competition, sole-source, direct tasking). Identify the source selection official. For software-intensive procurements, the results of evaluations using Capability Maturity Model instruments can be used as a source selection factor to ensure the successful offeror has mature software acquisition, development, and maintenance processes in place. Briefly define primary selection criteria. State whether past performance and vendor's process capability and process improvement will be used as selection criteria. State whether open architecture and modular design to facilitate modernization and supportability of fielded products will be required or scored during source selection. (Revised 10/2003)

5.3.3 Competition. Identify whether competition will be sought, and if so, how it will be achieved. FAA policy encourages competition in every phase of the product lifecycle to encourage innovation and control costs. For developmental programs, state whether it is intended to award multiple competitive prototyping contracts as a means for reducing risk and selecting a most advantageous design.

5.3.4 Contract Type. Identify the contract type that will be used. The contract type should balance risk appropriately between the FAA and contractor according to the maturity of product design. Discuss the use of cost-sharing or incentive contracts to achieve such program goals as performance, quality, high productivity, and cost and schedule control.

5.3.5 Government-Furnished Property/Information. Identify what information or property the FAA must provide.

5.3.6 Acceptance Criteria. Define general criteria for government acceptance of major contract deliverables.

5.3.7 Warranties and Data Rights. State whether warranties or data rights will be obtained.

6 BENEFITS (Revised 07/2001)

Define how benefits in the Acquisition Program Baseline will be tracked and verified during the in-service phase of this acquisition program. The realization of some benefits may be outside the control of the Integrated Product Team (e.g., changes to regulations, actions by the airlines). In these cases, describe how you will ensure these actions are taken (e.g., a responsible person from AVR could be made a member of the expanded product team).

7 PHYSICAL INTEGRATION (Revised 07/2001)

Physical integration concerns the integration of a solution to mission need into the physical environment. Identify how physical integration requirements in the Acquisition Program Baseline will be met for each physical integration element. Identify responsible organizations and define roles and responsibilities in Section 5.2.1. Identify in Section 4 primary physical integration milestones. Include funding requirements by fiscal year in Section 3.

7.1 Real Property. (Revised 07/2001)

Real property includes owned and leased land and space and other structures under the FAA control.

7.1.1 Land. Define briefly the strategy for acquiring any required real estate, i.e., land, including completion of the National Environmental Protection Act process, the appropriate Environmental Due Diligence Audit and any other applicable environmental law before any agreement to acquire property. Be aware that the lead time for acquisition of real estate may vary depending on acquisition factors such as market conditions, siting complexities, etc., and should begin soon after the investment decision and in close coordination with the appropriate region/center acquiring organization.(Added 07/2001)

If an existing land is being replaced, an Environmental Due Diligence Audit needs to be completed prior to disposal of the property. (Added 07/2001)

7.1.2 Space. Define briefly the strategy for acquiring the physical space needed to accommodate systems, auxiliary equipment, and personnel bothfor end-state operations and during transition to the new capability. Depending on need and complexity, acquisition times may vary. Coordination with appropriate acquiring organization is recommended at the earliest possible time. (Revised 07/2001)

7.2 RESERVED (Added 07/2001)

7.3 Environmental

Define briefly the strategy for achieving environmental and hazardous materials requirements for this program or its products. Explain how requirements to minimize lifecycle environmental impact of systems, facilities, and equipment will be achieved. (Revised 07/2001)

7.4 Energy Conservation

Define briefly the strategy for complying with mandates of the National Energy Conservation Policy Act.(Revised 07/2001)

7.5 Heating, Ventilation, Air Conditioning

Define briefly the strategy for achieving heating, ventilation, and air-conditioning requirements both for end-state operations and during transition to the new capability. (Revised 07/2001)

7.6 Grounding, Bonding, Shielding, and Lightning Protection

Define briefly the strategy for achieving grounding, bonding, shielding, and lightning protection requirements both for end-state operations and during transition to the new capability. (Revised 07/2001)

7.7 Cables

Define briefly the strategy for achieving cable, cable routing, and raised-floor requirements both for end-state operations and during transition to the new capability. (Revised 07/2001)

7.8 Hazardous Materials

Define briefly the strategy for achieving requirements associated with hazardous materials bothfor end-state operations and during transition to the new capability. (Revised 07/2001)

7.9 Power Systems and Commercial Power

Define briefly the strategy for satisfying power system and commercial power requirements for this acquisition program both for end-state operations and during transition to the new capability. (Revised 07/2001)

7.10 Telecommunications

Define briefly the strategy for achieving telecommunications requirements both for end-state operations and during transition to the new capability. (Revised 07/2001)

7.11 Special Considerations

Define briefly the strategy for achieving unique requirements related to such considerations as fiber optics, water and sewer, roadway, and access both for end-state operations and during transition to the new capability. (Revised 07/2001)

8 FUNCTIONAL INTEGRATION (Revised 07/2001)

Describe the strategy for achieving requirements associated with each of the following in the appropriate paragraph. Identify responsible organizations and define roles and responsibilities for conducting and monitoring the functional integration effort in Section 5.2.1. Identify in Section 4 primary functional integration milestones. Include funding requirements by fiscal year in Section 3.

8.1 Integration With other National Airspace System and non-National Airspace System Elements (Revised 07/2001)

Define briefly the strategy for achieving interface requirements to other systems, subsystems, networks, facilities, and organizations, including all states and modes of operation (e.g., primary and back-up). Include remote maintenance monitoring and operational command and control requirements.

8.2 Software Integration

Define briefly the strategy for achieving software integration requirements.

8.3 Spectrum Management (Revised 07/2001)

Define briefly the strategy for satisfying spectrum management requirements for this acquisition program and ensuring spectrum compatibility with other National Airspace System elements.

8.4 Standardization

Define briefly the strategy for satisfyingrequirements associated with using standard products already in use in the National Airspace System, as well as any standardization requirement to facilitate functional and physical integration. Define the strategy for achieving any ICAO, ISO, space management, or other standard to ensure ease of training, logistics, workforce mobility, architecture and engineering, or compliance with international, national, state, and local codes and laws.

9 HUMAN INTEGRATION (Revised 07/2001)

Describe the strategy for achieving requirements associated with each of the following in the appropriate paragraph. Identify responsible organizations and define roles and responsibilities in Section 5.2.1. Identify primary functional integration milestones in Section 4. Include funding requirements by fiscal year in Section 3.

9.1 Human/Product Integration

Briefly define the strategy for satisfying requirements associated with: manpower factors that impact product design; broad cognitive, physical, and sensory requirements for operators, maintainers, and support personnel that contribute to or constrain performance; requirements for human performance that will achieve effective human-system interfaces.

9.2 Employee Health and Safety (Revised 07/2001)

Briefly define the strategy for achieving requirements associated with Occupational Safety and Health Administration, the National Fire Protection Association, and other safety and health regulations, as well as for avoiding conditions that degrade performance. Define the strategy forachieving operating environment requirements associated with such factors as light, temperature, noise, fire protection, stairs, and ladders. Specify how you will update the Occupant Emergency Plan when implementation will affect facility egress routes or fire safety.

9.3 Specialized Skills and Capabilities (Revised 04/1999)

Briefly define the strategy for achieving requirements related to cognitive, physical, sensory, and performance for operators, maintainers, or support personnel; human performance thresholds and criteria; and constraints, limitations, and specialized requirements related to training, staffing levels, and personnel skills.

10 SECURITY (Revised 07/2001)

Define the strategy for satisfying requirements associated with each security element in this section. Identify responsible organizations and define roles and responsibilities in Section 5.2.1. Identify primary functional integration milestones in Section 4. Include funding requirements by fiscal year in Section 3.

10.1 Physical Security

Briefly define the strategy for satisfying requirements related to security of the physical plant both for end-state operations and during *transition to the new capability.*

10.2 Information Security (Revised 07/2001)

Briefly define the strategy for achieving requirements related to the storage, processing, or transfer of information related to air traffic control or other sensitive information both for end-state operations and during transition to the new capability.

10.3 Personnel Security

Briefly define the strategy for achieving requirements related to personnel, security clearances, security training, and access control.

11 IN-SERVICE SUPPORT

For each of the following in-service support elements, as applicable, define briefly the strategy for achieving supportability requirements for this acquisition program. Define organizational roles and responsibilities in Section 5.2.1 (be sure to differentiate the roles and responsibilities of the Integrated Product Team and operational and maintenance organizations during the in-service phase). Include in-service support funding requirements by fiscal year in Section 3. Identify primary in-service support milestones in Section 4.

11.1 Staffing

Strategy for obtaining person work-hours required to perform operations, maintenance, and support actions.

11.2 Supply Support

Strategy for obtaining, cataloging, receiving, storing, and issuing items of supply.

11.3 Support Equipment

Strategy for obtaining tools and equipment required to install and support the operation and maintenance of the facility, system, or equipment.

11.4 Technical Data

Strategy for obtaining and managing recorded information such as manuals, specifications, drawings, and operational testing procedures to operate a product over its intended lifecycle.

11.5 Training and Training Support

Strategy for obtaining the processes, procedures, course material, and skills necessary to train personnel to install, operate, and maintain a facility, system, or equipment.

11.6 First and Second Level Repair

Strategy for obtaining the resources, processes, and procedures for on-site and second-level engineering support for both hardware and software.

11.7 Packaging, Handling, Storage, and Transportation

Strategy for obtaining the resources and methods to ensure systems, equipment, and support items are preserved, packaged, stored, and transported safely.

12 TEST AND EVALUATION (Revised 07/2001)

Define test-related organizational roles and responsibilities and identify responsible agents for all testfunctions in Section 5.2.1. Identify test milestones in Section 4. Identify in Section 3 resource requirements for all test-related activities and functions including test staffing and training, test articles, test facilities and sites, and such specialized test equipment as aircraft type and number, simulators, simulation and modeling, and hardware/software test beds.

12.1 Test Strategy Overview (Revised 07/2001)

Briefly summarize the test strategy for each program stage (e.g., capability demonstration,prototype development, full-scale development, production, deployment, as appropriate). If this program is a commercial or non-developmental acquisition, describe the use of commercial product testing or historical usage data in place of government testing. Identify any completed testing including operational capability tests and demonstrations. Identify any other test streamlining approaches that will be used (e.g., Operational Capability Demonstration as an element of source selection). Identify whether the program was designated for Independent Operational Test & Evaluation by the Associate Administrator for Air Traffic Services, thereby requiring an Independent Operational Test Readiness Declaration. Explain why this test strategy is appropriate for therisk associated with the products to be provided. Identify critical operational issues and explain how the test strategy will mitigate them. Explain how the Verification Requirements Traceability Matrix will be used to trace critical performance parameters and critical operational issues from the Requirements Document to test activities throughout solution implementation.
For each of the following stages of test and evaluation, define what exit criteria will be used to ensure test requirements are met, explain how test outcomes will be used to achieve a quality product that meets user/operator needs.

12.2 System Test

Explain the system test strategy for this acquisition program, as appropriate. If developmental testing is required, define the objectivesof developmental testing. Identify criteria for the commencement of operational testing. Explain how Critical Operational Issues will be used to establish test objectives for each stage. Differentiate between contractor testing and agency testing or approval points. Explain how you intend to identify and obtain needed test plans, procedures, and reports. Identify how you intend to identify and obtain needed test personnel, tools, training, and other needed test resources for both government and contractor personnel.

12.3 Independent Operational Test & Evaluation (IOT&E) (Revised 07/2001)

If the Associate Administrator for Air Traffic Services designated this program for IOT&E; the ATS Test Team will develop the IOT&E test strategy section of the Acquisition Strategy Paper. Describe the IOT&E approach: how Critical Operational Issues form the Requirements Document will be resolved; any limitations to resolving the Critical Operational Issues; and the prerequisites for starting IOT&E which are addressed in the Independent Operational Test Readiness Declaration. Delineate the criteria/requirements for selecting the key site for IOT&E. Identify how all plans, procedures, and reports will be developed. Discuss how the assessment for operational readiness will be made.

12.4 Field Familiarization Test

Explain how Critical Operational Issues will be used to establish test objectives for field familiarization testing. Explain how you intend to identify, plan, and execute tests to accomplish these objectives. Explain how you intend to identify and obtain needed test plans, procedures, and reports. Identify how you intend to identify and obtain needed test personnel, tools, training, and other needed test resources for both government and contractor personnel.

13 IMPLEMENTATION AND TRANSITION (Revised 07/2001)

Define the strategy for fielding and bringing the new capability into operational use. This typically encompasses implementation planning, pre-installation checkout, installation and checkout, site integration, system shakedown, dual operations, and the removal and disposal of replaced systems, equipment, land, facilities, and other items. Define how the In-Service Review process will be applied, if applicable, including the use of the In-Service Review Checklist. If shipment to sites other than the key site is planned before the In-Service Decision, explain the logic to be used in requesting authorization from the In-Service decision-maker in accordance with Integrated Product Development System Guidance 97-03. Explain how service will be maintained during transition from the current capability to the new capability. Explain how you intend to identify and obtain tools, resources, and support needed to field this product. Identify responsible organizations and their roles and responsibilities in Section 5.2.1. Identify primary implementation milestones in Section 4. Include implementation funding requirements by fiscal year in Section 3.

14 QUALITY ASSURANCE (Revised 07/2001)

Identify quality assurance controls thatwill be applied (e.g., contractor status reporting, metrics, in-plant Quality Reliability Officers, peer reviews, independent verification and validation) to both contractors and the government). Identify any quality assurance standards to be invoked. If government standards are invoked, explain why they are required in lieu of commercial standards. Identify any automated tools that will be employed to manage and communicate quality assurance actions and activities. Define how the quality of a vendor's software processes will be monitored when those processes are evaluated and scored as a part of source selection. Include organizational roles and responsibilities for quality assurance in Section 5.2.1. Identify primary quality assurance milestones in Section 4. Include quality assurance funding requirements by fiscal year in Section 3.

15 CONFIGURATION MANAGEMENT

Define the strategy for achieving configuration management requirements for hardware, software, data documentation, interfaces, and tools, as appropriate. This approach will vary based on the product to be procured (e.g., commercial, non-developmental, or development). Typically, the following configuration baselines should be established and managed: a functional baseline of decomposed requirements,an allocated baseline of configuration items, and a product baseline. Software configuration management should cover source code, source-code-level programming instructions of programmable firmware devices, test procedures, and test cases. Identify tools that will be used to accomplish configuration management. Define in Section 5.2.1 configuration roles and responsibilities of the vendor and the Integrated Product Team as products move through their lifecycle. Identify primary configuration management milestones in Section 4. Include configuration management funding requirements by fiscal year in Section 3.

16 IN-SERVICE MANAGEMENT

Describe how the product(s) of this acquisition program will be monitored and evaluated during the in-service phase to providethe basis for correcting defects, sustaining and improving operations, and planning upgrades to satisfy future demand for services. Identify in Section 5.2.1 the roles and responsibilities of key FAA support organizations during the in-service phase of the product lifecycle. Identify primary in-service support milestones in Section 4. Include in-service management funding requirements by fiscal year in Section 3.

본 획득전략 문서 양식은 미국의 연방항공국에서 만든 것이다. 획득전략 문서를 작성하는데 필요한 구체적이고 자세한 항목이 담겨져 있어, 우리 획득인력들이 창조적인 획득전략 문서를 구상하는데 많은 도움이 될 것으로 판단된다. 영어원문과 그것을 개괄적인 수준에서 번역한 내용을 함께 부록으로 수록한다.

목 적
(2001년 6월 개정)

획득전략 문서는 획득프로그램기선의 제약 내에서 획득 프로그램을 집행하기 위해 통합생산팀이 사용하는 사업적·기술적 접근을 규정한다. 그것은 획득계획, 프로그램관리계획, 프로그램집행계획, 위험관리계획, 인적요인계획, 통합군수지원계획 등과 같은 획득관리체계의 집행이전에 여러 문서들에 나뉘어 기록된 기획을 통합 정리한 것이다.

기 술
(2001년 6월 개정)

획득전략 문서는 솔류션(solution) 시행 중 프로그램을 실행하고, 실무(in-Service) 관리 기간 중 야전에 배치된 제품과 서비스를 관리하기 위한 전략을 기록한다. 그것은 투자분석 과정에서 행한 시장조사 및 분석에 기반을 두고 있다. 획득전략 문서는 프로그램 주요 참가자에 대한 관리역할과 책임을 정의하고, 그리고 필요한 능력을 획득하고, 야전에 배치하고, 관리하는 전 업무를 규정한다. 많은 프로그램에 있어서 이것은 시스템과 장비의 획득, 시설의 건설과 개량, 물리적 하부구조 개선, 부동산 획득, 복잡한 하드웨어와 소프트웨어의 기능적 통합, 전문화된 서비스의 조달 등을 포함한다. 또한 획득전략 문서는 프로그램 집행과 관련된 모든 기능적 분야들, 예컨대 시스템 엔지니어링, 시스템 안전관리, 실무지원, 시험 및 평가, 보안, 품질보증, 인적통합, 그리고 형상관리 등을 위한 기획을 통합한다.

획득전략 문서의 개발은 통합생산팀이 투자 결정에서 프로그램이 승인된 후 즉각 수행해야할 주요 업무다. 그것은 프로그램이 요구하는 바를 달성하기 위해서 수행될 세부적 행위들과 업무 활동들을 정의하는 통합프로그램계획의 기초이다.

승 인
(2003년 10월 개정)

담당 조직의 국장과 NAS 운영 국장은 획득전략 문서, 그리고 그것에 대한 모든 갱신 및 개정을 승인한다. 획득전략 문서는 획득 프로그램에 관한 이후의 어떠한 결정이 있거나, 혹은 획득프로그램기선에 대한 어떤 중대한 변화가 있을 때 갱신되어야 한다.

> **주:** 획득전략문서는 심사정보요청이나 제기된 계약에 대한 제공가격 요청의 공개, 자금 이전, 혹은 프로그램 실행을 위한 어떠한 부처간 합의에 대해 약속하기 전에 승인을 받아야 한다. 정보요청은 승인 이전에 공개될 수 있다.

배 포
(2001년 6월 개정)

승인된 획득전략문서 사본은 모든 사령부, 지역 그리고 프로그램과 관련된 다른 인력들에게 배포한다. 사본을 ACM-1, NAS 형상관리 및 평가요원들에게 보내며 이들은 합동자원위원회를 위해 승인된 획득문서의 중앙 보관소를 관리유지한다.

내 용
(2003년 10월 개정)

아래의 내용들은 획득전략문서의 내용을 요약한 것이다. 완전한 형식요건과 지침은 인터넷 홈페이지 http://fast.faa.gov를 통해서 확인할 수 있다. 획득전략문서를 준비할 때는 반드시 획득전략 문서 형식을 사용해야 한다.

> **서명난:** 획득전략 문서의 제목, 획득프로그램의 명칭, 몇 번째 개정판(version)인지를 알리는 숫자, 담당조직국장과 NAS 운영국장의 서명 및 승인날짜, 그리고 후원조직과 통합생산팀을 위해 담당자의 이름, 기관번호, 전화번호와 팩스번호를 포함한다.
> (2003년 10월 개정)

목차: 획득전략 문서의 모든 항목, 세부항목, 그리고 다른 요소들을 차례대로 기록하고, 페이지 번호를 제공한다.

배경: 임무요구, 그리고 해당 획득 프로그램을 지원하는 다른 상부기관문서를 간략히 요약한다. 프로그램의 현황을 간략히 요약하고 획득 프로그램의 주요 제품들을 확인한다.

개관: 획득프로그램기선에서 규정된 능력을 획득하기 위한 총체적인 전략을 기술하고, 이 전략이 왜 획득프로그램에 관련된 위험과 특정 조건 그리고 제약에 적합한지 설명한다. 시스템/장비 획득, 시설건설과 변경, 물리적 하부구조 변경, 현존능력과의 기능적 통합, 서비스의 조달 등을 포함하는 프로그램의 모든 주요 요소들을 확인한다.

자금조달: 획득 프로그램에 대한 RE&D, F&E, 및 OPS 자금을 매 회계연도 단위로 그해의 경상가격으로 나타내기 위해 FAST에 포함되어 있는 획득전략 문서형식의 자금목록체제를 사용한다. 이는 획득프로그램기선에서의 비용소요와 일치되어야 한다.
(2001년 6월 개정)

일정: 주요 프로그램 결과와 의사결정점 일정을 회계년도별로 나타내기 위해 FAST에 있는 획득전략 문서형식의 일정표형식를 이용한다. 획득프로그램기선에 포함된 일정기선과 일치되어야 한다.

혜택: 이 획득프로그램의 제품과 용역에 대한 실무관리 기간 동안 획득 프로그램 기선에 포함된 혜택들을 어떻게 알아내고 확인할 수 있는지 기술한다.

관리: 모든 지원조직과 개인의 역할과 책임은 무엇이고, 어떻게 프로그램이 통제되어지는지(즉, 어떻게 진행과정이 측정, 보고, 평가 되고 조치가 취해지는지, 어떻게 프로그램을 지원하는 계약자들을 관리하고, 어떻게 소요와 위험을 관리하

는지)를 포함하여 이 획득 프로그램을 관리하기 위한 전략을 규정한다. 매 조달 하나 하나를 위한 계약전략을 기술하고, 어떻게 경쟁체제를 이루어 낼 것인지를 설명한다. 각각의 계약에 대해서 어떻게 계약체결 전과 후에 계약자의 비용을 감사할 것인지를 기술한다. 공급자 선정과 사용기간 동안 요구되는 공정개선을 위해 공급자의 처리능력이 평가되어지는지에 대해서도 설명한다. 적절한 체계 안전 프로그램이 통합생산팀과 계약자 모두에 의해 수행될 것을 보장하기 위한 전략을 설명한다. (2003년 1월 개정)

물리적 통합: 이 획득 프로그램의 제품을 다음과 같은 물리적 환경, 즉 부동산, 공간, 환경, 에너지 보존, 난방, 환기, 냉방, 비행금지, <u>보증</u>, 낙뢰보호, 전선, 유해물질, 동력시스템과 <u>상업용 전력</u>, <u>스펙트럼 방호</u>, 원격 통신, 특별한 고려사항 등과 융합시키기 위한 전략을 설명한다.

기능적 통합: 이 획득 프로그램의 제품과 국가항공체계(NAS) 및 비국가항공체계(non-NAS system)능력들의 다른 요소들과 통합시키기 위한 전략을 설명한다. 하드웨어·소프트웨어 통합, 스펙트럼 관리, 그리고 표준화 관련 소요를 만족시키기 위한 전략을 설명한다. (2001년 6월 개정)

인적통합: 이 획득 프로그램의 제품이 그것을 운영하고 유지하는 인력을 위해 적합한지 보장하기 위한 전략을 설명한다. 이것은 고용인 건강 및 안전에 관련된 소요를 만족시키고, 운영자, 관리자, 그리고 지원인력을 위한 전문화된 기술과 능력을 달성하는 것과 더불어 총체적 제품 시각으로부터 최성의 성능을 달성하기 위한 인간과 제품 인터페이스를 극대화하는 것을 포함한다.

보안: 신체적 안전, 계약자에 독특한 보안, 모든 정보와 정보시스템 보완, 인력보안에 관련된 소요를 만족시키기 위한 전략을 설명한다. (2001년 6월 개정)

통합군수지원: 본 획득 프로그램의 제품 지원에 관련된 소요를 만족시키기 위한 전략을 설명한다. 여기에는 인원충원, 공급지원, 지원장비, 기술자료, 훈련 및 훈

련지원, 1, 2급 수준수리, 포장, 선적, 수송 등이 포함된다. (2001년 2월 개정)

시험 및 평가: 시험 및 평가소요를 만족시키기 위한 전략을 설명한다. 여기에는 합동인정과 검사 이전의 필수안전평가는 물론 스펙트럼 엔지니어링, 환경 및 에너지절약 이슈, 운영현장에서의 시험 전에 실시하는 FAA William J. Hughes 기술센터에서의 시스템시험 및 운영시험, 독립 운영시험과 평가, 야전친화시험이 포함된다. 시험전략은 시험조건, 시험환경, 시험자원, 시험부지, 시험도구, 시험인력, 시험계획, 그리고 시험보고를 완전히 표명해야 한다.

집행 및 전환: 현존 능력에서 새로운 능력으로 전환하는데 관련된 소요를 만족시키기 위한 전략을 설명함으로써 현재 진행 중인 업무가 혼란에 빠지지 않도록 한다. 전형적으로 이것은 실행기획, 사전설치검사, 설치 및 점검, 부지통합, 시스템조정, 범용운영, 그리고 대체된 시스템, 장비, 부지, 시설 그리고 다른 항목의 제거 및 폐기처분을 포함한다.

품질보증: 계약자 현황보고, 메트릭스, 공장 내 품질신뢰되담당간부, 독립적 확인 및 타당성, 판매자 품질보증, 그리고 잠재적 공급자들의 소프트웨어 개발과정에서 능력성숙모델 평가에 관련된 품질보증 소요를 만족시키기 위한 전략을 설명한다.   (2001년 6월 개정)

형상관리: 획득 프로그램의 수명주기 전반을 통해 하드웨어, 소프트웨어, 설비, 자료, 인터페이스, 도구, 기록 등의 형상을 관리하는데 관련된 소요를 만족시키기 위한 전략을 설명한다.

실무관리: 미래 수요를 만족시키기 위해 필요로 하는 운영의 지속과 최적화 그리고 주요 성능향상을 기획하기 위한 기초를 제공하기 위해 실무관리단계에서 이 프로그램의 제품 혹은 서비스를 어떻게 관찰 평가하려는지 설명한다.

획득전략 문서 형식

이 형식은 획득전략 문서를 준비하기 위한 지침을 제공한다. 이것은 FAA 획득관리체계의 부록 B에 있는 정보를 보충한 것이다. 이탤릭체로 된 텍스트는 획득전략 문서의 준비를 지도하기 위한 의도를 표현한 것이다. 이탤릭체가 아닌 텍스트는 문서의 구조와 형태를 규정한다. 획득전략 문서 형식의 모든 항목(부문)이 모든 획득 프로그램, 특히 인간 자원 서비스가 충족시킬 수 있는 소요에 적용되는 것은 아니다. 그런 항목에는 "적용불가"라고 명기해야 한다.

획득전략문서
(프로그램명)

승인자	서명	날짜
승인자	서명	날짜
제출자	서명	날짜

Sponsor Focal Point	IPT Focal Point
이름	이름
코드	코드
전화번호	전화번호
팩스번호	팩스번호

획득전략 문서
(Acquisition Strategy Paper)

내용 목차
(Table of Contents)

5.3.7 보증 및 자료권(Warranties and Date Right)

6. 혜택(Benefits)

7. 물리적 통합(Physical Integration)

   7.1 부동산(Real Estate)

      7.1.1 부지(Land)

      7.1.2 공간(Space)

   7.2 예비(Reserved)

   7.3 환경보호(Environmental)

   7.4 에너지 절약(Energy Conservation)

   7.5 난방(Heating), 환기(Ventilation), 공기조절(Air Conditioning)

   7.6 기초공사(Grounding), 실드(Shielding)

   7.7 전선(Cables)

   7.8 유해물질(hazardous materials)

   7.9 전력체계 및 상업력(power systems and commercial power)

   7.10 원격통신(telecommunications)

   7.11 특별한 고려사항(special considerations)

8. 기능적 통합(Functional Integration)

   8.1 국가 항공체계와 비항공체계의 통합
      (Integration With National Airspace System and Non-NAS Elements)

   8.2 소프트웨어 통합(Software Integration)

   8.3 스펙트럼 관리(Spectrum Management)

   8.4 표준화(Standardization)

9. 인간통합(Human Integration)

   9.1 인간/제품 통합(Human/ Product Integration)

   9.2 고용인 건강과 안전(Employee Health and Safety)

   9.3 전문화된 기술과 능력(Specialized Skills and Capabilities)

10. 보안(Security)

   10.1 물리적 보안(Physical Security)

   10.2 정보 보안(Information Security)

   10.3 인적 보안(Personnel Security)

11. 진행 과정에서의 지원(IN-Service Support)

   11.1 인력충원(Staffing)

   11.2 공급지원(Supply Supporting)

11.3 지원장비(Support Equipment)

11.4 기술자료(Technical Data)

11.5 훈련 및 훈련지원(Training and Training Support)

11.6 일·이차적 수준의 유지(First and Second Level Maintenance)

11.7 포장, 처리, 저장, 운송(Packaging, Handling, Storage, and Transportation)

12. 시험 및 평가(Test & Evaluation)

12.1 시험전략개관(Test Strategy Overview)

12.2 시스템 시험(System Test)

12.3 독립적 운영 시험평가

(Independent Operational Test & Evaluation)(2001년 7월 개정)

12.4 야전친화시험(Field Familiarization Testing)

13. 실행과 이전(Implemenation and Transition)(2001년 7월 개정)

14. 품질보증(Quality Assurance)(2001년 7월 개정)

15. 형상관리(Configuration Management)

16. 실무관리(In-Service Management)

1. 배경(Background)(2001년 7월 개정)

1.1 임무요구(Mission Need)

이 프로그램의 필요성을 지원하는 임무요구서 및 다른 고위기관의 문서 일부분을 확인한다. 이 프로그램이 충족시키려고 의도하는 임무요구를 간략히 요약한다.

2.2 현황(Status)

이것이 초기 획득전략문서인지 아니면 개정판인지에 대해 서술한다. 만약 이것이 개정판이라면, 개정 이유에 대해서 간략하게 요약한다. 최종 승인 이후 최고위 관리자의 훈령을 인용한다. 통합관리팀(IMT), 혹은 지원 및 실행 조직의 비슷한 수준의 관리자들은 획득프로그램기선, 혹은 관리방향의 변경결과로 인해 생긴 획득전략 문서에 대한 주요 변화만을 승인한다.

2. 개관(Overview)

2.1 프로그램 범위(Program Scope)

이 획득 프로그램의 주요 목표를 간략히 특징짓는다.(일예로, 이 프로그램은 상업용 혹은 비개발 체계 혹은 장비를 조달할 예정인가?, 현존시설을 개량하고, 향상시키는가?, 새로운 시설을 설계하고 건설하고 그곳에 기존 하드웨어를 사용할 것인가? 기존 혹은 개량된 시설에 새로운 시스템을 개발하고 장착할 것인가?, 필요한 서비스를 조달하는가?) 이 프로그램의 모든 주요 요소들을 간략하게 식별하고 기술한다.(예를 들자면, 체계 혹은 장비의 조달, 시설의 개량 및 건설, 물리적 하부구조에서의 변화, 기능적 인터페이스(interface)의 개발, 설치 혹은 지원서비스의 조달 등)

2.2. 제품(Products)

이 획득 프로그램의 주요 제품들을 간략히 식별하고 묘사한다.

3. 자금(Funding)

RE&D, F&E, OPS 예산 할당에 의한 프로그램 자금지원, 회계연도, 비용발생요소의 내역 등을 경상가격으로 보여주기 위해 도표1의 형식을 사용한다. 동일한 비용발생요소를 사용하고, 획득 프로그램 기선과 일치시킨다. 만약 이것이 합동으로 자금지원이 이루어진 프로그램이라면, 다른 정부 기관의 예산지원도 보여준다.

Table 1. 프로그램 자금
변화(#)
(당해년도 $M)

비용요소	Appro-priation	FY 1	FY 2	FY 3	FY 4	FY 5	FY 6	FY 7	FY 8	FY 9	FY 10	FY 11	FY 12	FY "a"	종료시 비용
프로그램 관리 (Program Management)	RE&D F&E OPS														
시험 및 평가 (Test & Evaluation)	RE&D F&E OPS														
훈련 (Training)	RE&D F&E OPS														
자료관리 (Data Management)	RE&D F&E OPS														
물리적 통합 (Physical Integration)	RE&D F&E OPS														
체계 및 장비 (Systems and Equipment)	RE&D F&E OPS														
집행 (Implementation)	RE&D F&E OPS														
제품지원 (Product Support)	RE&D F&E OPS														
운영 및 유지 (Operations & Maintenance)	RE&D F&E OPS														
진행중인 사업지원 (In-Service Support)	RE&D F&E OPS														
진행중인 사업 모니터, 평가, 유지 (In-Service Monitor, Assess, Sustain)	RE&D F&E OPS														
교체된 자산들의 처분 (Disposal of Replaced Assets	RE&D F&E OPS														
총 프로그램 비용 (Total Program Cost)	RE&D F&E OPS														

아래의 비용요소들과 비용요인들은 획득 프로그램을 집행하고 자금지원을 하기 위해 필요한 것을 나타내고 있다.

비용요소들	비용요인들
프로그램 외부 활동 (Activities External to Program)	원격 유지 모니터링 (Remote maintenance monitoring) 규칙제정을 요하는 변화 (Rulemaking changes) 다른 획득 프로그램에 의한 활동 (Activities by other acquisition programs) 공항과 지방 정부의 활동 (Airport and local government activities) 규제활동 (Regulatory activities)

비용요소들	비용요인들
시설(Facilities)	건축 및 공학 설계 (Architect & Engineering Design) 특정 위치에 적합한 설계 (Site-specific design) 건설(construction)
시스템·소프트웨어(Systems/Software)	개발(Development) 공학(Engineering) 생산(Production) 검토 및 감사(Review and audits)
물리적 통합(Physical Integration)	부동산(real estate) 공간(space) 환경 공학(environmental engineering) 에너지 보존(energy conservation) 난방(heating), 냉각(cooling), 냉방(air conditioning) 해체 공학(abatement engineering) 토목 공학(Civil engineering) 전력시스템(power system) 원격통신(telecommunications) 유해물질(hazardous materials) 기초공사(Grounding) 접합 보호 낙뢰방지 전선(Cables) 도로(roads) 하수(sewage)
기능적 통합(Functional Integration)	국가항공체계통합(National Airspace System Integration) 비(非) 국가항공체계통합(Non-National Airspace System Integration) 소프트웨어 통합(Software Integration) 스펙트럼 관리(Spectrum management) 표준화(Standardization)

인적통합(Human Integration)	인간·기계의 인터페이스 (Human/product interface) 고용인의 건강과 안전(employee health and safety) 전문기술과 능력 (Special skills and capabilities)
보안(Security)	정보 보완(Information security) 물리적 보안(Physical security) 개인적 보안(personnel security)

비용요소들	비용요인들
실무지원(In-Service Support)	인력충원(Staffing) 공급지원(Supply support) 지원장비(Support equipment) 기술데이터(Technical data) 훈련과 훈련지원(training and training support) 일·이차적 수준 보수(First and second level repair) 포장, 처리, 보관, 수송(packaging, handling, storage, and transportation)
시험 및 평가(Test & Evaluation)	시험계획, 절차, 보고(Test plans, procedures, reports) 항공기를 포함한 시험장비·도구(Test equipment/tools, including aircraft) 시험인력 및 훈련(Test staff and training) 시험시뮬레이터, 시뮬레이션, 모델링(Test simulators, simulations, modeling) 시험항목(Test articles) 시험대 및 시험시설(Test testbeds and test facilities)
독립적인 운영시험 및 평가 (independent Operational Test & Evaluation)	시험계획, 절차, 보고(Test plans, procedures, reports) 항공기를 포함한 시험장비·도구(Test equipment/tools, including aircraft) 시험인력 및 훈련(Test staff and training)
형상관리(Configuration Management)	기능적 기선(Functional baseline) 개발 기선(development baseline) 제품기선(product baseline) 물리적 형상감사(physical configuration audit) 기능적 형상검사(functional configuration audit) 형상변화관리(Configuration change management) 문서관리(Documentation management)
품질보증(Quality Assurance)	계약자 품질 관리(contactor quality management) 비용·일정·성능 관리(cost/schedule/performance management)
실행(implementation)	기획(Planning) 사전설치 점검(Pre-installation checkout) 설치와 점검(Installation and checkout) 부지 조정 및 시운전(Site integration and shakedown) 이중 운용(Dual operations) 교체된 자산의 제거·처리(Removal/disposal of replaced assets)

비용요소들	비용요인들
실무관리 (In-Service Management)	제품성능의 관찰, 평가, 최적화 예상 수요 대비 능력 평가(Evaluating capability versus projected demand)
유지공학 (Sustainment Engineering)	낡은 하드웨어·소프트웨어 구성품의 교체(Replacing obsolete hardware/software components) 성능유지(sustaining performance)
프로그램 지원 서비스 (Program Support Service)	프로그램 관리·기술 지원(Program management/technical support) 조달활동(procurement activities) 계약전후의 감사(Pre and post-award contract audits) 공급자 공정능력 평가 및 공정개선평가(Supplier Process Capability Evaluations and Process Improvement appraisals) 전문 분석과 연구(Special analysis and studies) 안전위험 관리(Safety risk management)
운영 및 유지 (Operations and Maintenance)	야전배치된 제품을 위해 통합생산팀에 의해 요구되는 운영 및 관리 자원(Operational/ maintenance resources required by the Integrated Product Team for fielded products)

4. 일정(Schedule)

회계 연도의 프로그램 일정표를 제공하며 이것은 프로그램 요인들에 의한 주요 프로그램의 의사결정점 및 사건들(events)을 보여준다. 이것은 획득 프로그램 기선과 일치해야 한다. 아래의 내용은 요구되는 전략기획의 범위를 제시하기 위해 복잡한 프로그램에 적용되는 대표적인 프로그램 요소들과 사건/의사결정점들을 나열한 것이다.

프로그램 요소(Progrman Element)	사건/의사결정점(Event/Milestone)
기획(Planning)	승인된 소요문서(Requirements Document approved) 승인된 획득 프로그램 기선(Acquisition Program Baseline approved) 승인된 획득 전략 보고서(Acquisition Strategy Paper approved) 승인된 통합 프로그램 계획(Integrated Program Plan approved)
설비(Facilities)	설계자 선정과 공학 계약 체결(Architect & Engineering contract awarded) 설계자 와 공학 설계 완료(Architect & Engineering design complete) 현장에 적합한 디자인 완료(Site-specific designs complete) 건설 계약 체결(Construction contract awarded) 유용한 점유일자(Benefical occupancy date)

프로그램 요소(Progrman Element)	사건/의사결정점(Event/Milestone)
시스템/소프트웨어 (System/Software)	개발 스크리닝 정보요구의 공개(Development screening information request released) 개발계약 체결 (Development contract awarded) 예비 설계검토 완료(Preliminary Design Review complete) 주 설계검토 완료(Critical Design Review complete) 정식 생산 결정(Full production decision) 생산 심사 정보요구 공개(Production screening information request released) 생산 계약 체결(Production contract awarded) 첫 품목 인도(First article delivery) 생산품 인도(Production units delivered)
시스템 안전관리 (System safety management)	하부시스템 위험 분석(Subsystem hazard analysis(if required)) 시스템 위험 분석(System hazard analysis(if required)) 운영 및 지원위험분석 완료(Operating and support hazard analysis complete) 위험요소 추적과 위기 해결(Hazard tracking and risk resolution)
물리적 통합 (Physical Integration)	환경 연구 완료(Environment studies complete) 토목공학 연구 완료(Civil engineering studies complete) 감가(減價)활동 완료(Abatement activities complete) 부지 선정(Site(s) selected) 부지 조달(Site(s) procured) 전력체계 선별 정보요청 공개(Power systems screening information request released) 전력시스템 인도(Power system delivery) 원격통신 선별정보 요청 공개(Telecommunications screening information request released) 운용가능한 원격통신(Telecommunications operational) 케이블 선별정보 요청 공개(Cable screening information request released) 케이블 인도(Cables delivered) 도로 및 하수시설 조달(Roads/sewage procured)
기능적 통합 (Functional Integration)	인터페이스 소요 규정(Interface requirements defined) 인터페이스 작동가능(interfaces functional) 소프트웨어 인터페이스 소요 규정(Software interface requirements defined) 소프트웨어 인터페이스 작동가능(Software interface functional) RMMS/NIMS 이용 가능(RMMS/NIMS available) 시스템 및 장비 인터페이싱 운용 준비태세 일자(Operational readiness dates of interfacing systems and equipment) 정기항공시설의 장비 설치 완료(Airline equipage actions complete) 규제조직에 의한 행동 완료(Actions by regulatory bodies complete) 국방부, 혹은 여타 부처의 협의 최종화(Defence department or other agency agreements finalized) 규칙제정을 요하는 변화 종료(Rulamaking changes complete) 다른 프로그램들에 의한 활동 완료(Actions by other programs complete) 운영 관리 조직에 의한 활동 완료(Actions by operations or maintenance organizations complete)

프로그램 요인(Progrman Element)	사건 및 의사결정점(Event/Milestone)
인적 통합 (Human integrations)	인간기계 인터페이스 설계 완성(Human-Product interface design complete) 전문기술과 훈련 확인(Special skills and training identified) 훈련 과정 수립(Training courses established) 건강과 안전 쟁점 규정(Health and safety issues defined)
보안 (Security)	물리적 보안소요 규정(Physical security requirements defined) 물리적 보안 설계(Physical security designed) 물리적 보안 조달(Physical security procured) 물리적 보안 야전배치(Physical security fielded) 정보보안의 규정, 설계, 획득, 야전배치(Information security defined, designed, acquired, fielded) 인적보안의 규정, 설계, 획득, 야전배치(Personnel security defined, designed, acquired, fielded)
실무지원 (In-Service Support)	지원의 규정, 조달, 야전배치(인력충원, 공급지원, 훈련과 훈련지원, 지원시설, 일이차적 수준의 관리, 포장, 처리, 보관, 운송, 기술적자료)(Support needs defined, procured, fielded: staffing, supply support, training and training support, support equipment, first and second level maintenance, packaging, handling, storage, and transportation, technical data)
시험 및 평가(Test and Evaluation)	작전능력 입증 및 시험(Operational capability demonstration/test) 견본 시험 완료(Prototype testing complete) 공장 수용 시험 완료(Factory acceptancy testing complete) 작전운용 시험 완료(Operational testing complete) 시설 및 장비 통합시험 완료(Facility/equipment integration testing complete) 독립적 운용 시험과 평가 태세발표(Independent Operational Test &Evaluation readiness declaration) 부지 승인 시험 완료(Site acceptance testing complete) 야전친화시험 완료(Field familiarization testing complete)
독자적 운용시험 및 평가 (Independent Operational Test and Evaluation)	시험계획, 절차 완성(Test plans, procedures complete) 독자적 운용 시험 및 평가 완료(Independent Operational Test &Evaluation complete) 독자적 운용시험 및 평가보고서 인도(Independent Operational Test &Evaluation report delivered)

프로그램 요소(Progrman Element)	사건/의사결정점(Event/Milestone)
집행과 전환 (Implementation and Transition)	설치 전 점검 완료(Pre-installation checkout complete) 설치와 점검 완료(Installation and checkout complete) 합동 인정검사 완료(Joint acceptance inspection complete) 부서 내 결정(In-Service decision) 초기 작전능력(Initial operational capability) 완전한 작전능력(Full operational capability) 최초 작전준비태세 일자(First operational readiness date) 최초 취역(First commissioning) 최종 작전준비태세 일자(Last operational readiness date) 최종 취역(Last commissioning)

형상관리 (Configuration Management)	기능적 기선 규정(Functional baseline defined) 개발기선 규정(Development baseline defined) 기능적 형상감사 완료(Functional configuration audit complete) 물리적 형상감사(Physical configuration audit) 제품기선 규정(Product baseline defined)
품질 보장 (Quality Assurance)	현장 품질 신뢰 관리자(Quality Reliability Officers on site) 비용/일정/현황/보고 수납(Cost/schedule/status/reporting delivery)
실무 관리 (In-Service Management)	제품 모니터링 능력 배치(Product monitoring capability in place) 제품평가능력 배치(Product evaluation capability in place)

5. 실행 (Performance)(2001년 10월)

5.1 프로그램 전략(Program Strategy)

획득 프로그램 기선에서 요구된 능력을 달성하기 위한 총체적 접근을 묘사한다. 2.1부문의 프로그램 범위(즉, 시스템, 장비, 소프트웨어 요소, 시설요소, 하부구조 요소, 서비스 요소 등)에서 규정되어진 프로그램의 개별 주요 요소들을 시행하기 위한 전략을 간략하게 규정한다. 예를 들어, 하드웨어·소프트웨어를 위한 개발업무가 필요한가, 아니면 COTS/NDI 장비를 조달할 것인가? 새로운 시설을 설계하고, 건설할 것인가, 혹은 현재 시설을 개량할 것인가? 필요한 물리적 하부구조(예: 도로, 원격통신, 전력, 공간, HVAC 등)의 개량을 어떻게 달성할 것인가? 왜 이러한 접근이 어떤 특별한 조건 및 제약(야전배치된 제품의 현대화 및 지원성을 용이하게 하는 개방구조 및 모듈러 설계를 위한 소요, 구체적인 현존체계와의 인터페이스를 하기 위한 소요, 구체적인 인력 수준 한계 내에서 운영하기 위한 소요, 국제적 표준과의 호환성을 위한 소요 등)과 더불어, 프로그램 시행에 연계된 복잡성과 위험에 적합한 것인지 설명해야 한다.

5.2 관리전략(Management Strategy)

5.2.1 확장된 생산팀(Expanded Product Team)

이 획득 프로그램의 집행과 관련한 조직 및 개인의 역할과 책임을 규정하기 위해 도표 형식을 이용한다. 시설 설계 및 개조, 체계공학, 생산, 원격통신공학, 시험 및 평가, 실무운영 및 지원, 물리적 통합, 기능적 통합, 배비, 형상관리, 품질보증, 인적요인, 그리고 보안과 같은 모든 적절한 기능과 분야를 포함한다. 또한 확장된 생산팀 구성원들의 이름, 직위, 부서의 표식, 전화번호, 팩스번호를 포함한다. 이 프로그램에 영향을 미치거나 상호 작용하는 조직들과 여타 국가 항공 시스템의 프로그램의 관련 담당자들을 확인한다. 이 획득전략문서를 준비하는데 관계되는 모든 항목들이 적절하게 포함되도록 확실히 한다. 이것을 '통합생산 개발체계 생산팀 계획'에 연결시킨다.

5.2.2 프로그램 통제(Program Control)

어떻게 프로그램 활동이 계획, 측정, 보고, 평가되고 조치되는지를 설명한다. 어떤 수행능력을 계량화할 것인지 확인한다. 그리고 활동을 조정하고 보고하기 위해 사용되어지는 메커니즘을 확인한다(즉, 매달현황검토, 분기별지역검토, 반년동안의 획득 검토).

5.2.3 계약 관리(Contract Management)

이 프로그램을 위해 주계약자 및 지원계약자가 어떻게 관리되어질 것인지에 대해서 설명한다. 이것은 수행 과정 동안의 품질보증, 계약관리, 그리고 처리능력평가 과정개선 평가를 포함한다. 어떻게 비용·일정·성능을 추적하여 계약자의 상태나 진척을 관찰할 것인지 확인한다. 계약 체결 이전, 계약수행기간, 그리고 계약이 만료된 시점에서 어떻게 계약자의 비용을 감사할 것인지를 기술한다. 5.2.1 부분에서 책임있는 조직 및 개인들을 확인한다.

5.2.4 소요관리(Requirements Management)

획득 프로그램기선의 소요가 이 프로그램의 전체 주기에서 어떻게 관리되고 통제되는지를 기술한다. 어떻게 현장에 적합한 소요가 결정되고, 통제되고, 그리고 관리되어질 것인지를 설명한다. 비용, 일정 그리고 결과에 대한 프로그램 소요 변화의 영향이 어떻게 결정되고, 프로그램 기선 및 의사결정의 요인으로 작용하는지 설명한다.

5.2.5 위험관리(Risk Management)

이 획득 프로그램에 관련된 주 비용, 일정 그리고 기술적 위험을 식별한다. 이에는 역사적으로 프로그램 실행을 지연시켜왔던 환경적 소요 및 안전 위험(safety hazards)도 포함된다. 프로그램이 진행됨에 따라 위험을 감소시키기 위해 사용되는 위험관리전략과 더불어 어떻게 위험요인들이 식별, 추적, 분석, 보고되며, 교정되는가를 기술한다.

5.2.6 시스템 안전관리(System Safety Management)

통합생산팀과 시스템계약자 양측 모두에 의해 적절한 시스템 안전 프로그램을 보장하기 위한 전략이 집행되어질 것인지 설명한다.

5.3 조달전략(Procurement Strategy)

어떠한 획득간소화 행위가 취해질 것인가 확인한다. 이에는 비평을 들어보기 위해 기업에 공개하는 기초 정보, 구두 제안, 계약자에 대한 사전 자격제한 조치 등이 포함된다. 이 획득 프로그램의 집행을 위해 요구되어지는 모든 제품과 서비스가 어떻게 조달되어질 것인지를 확인한다. 그리고 그것에는 다른 기관들과 조직들에 넘겨지는 과업과 자금도 포함된다. 가능하다면, 매 조달 업무 마다 다음의 정보를 제공한다.

5.3.1 공급원(Sources)

시장조사나 다른 수단에 의해서 확인된 요구를 만족시킬 수 있다고 기대되는 공급원을 확인한다. 적격 입찰자 리스트가 사용되어질 것인지를 명백히 한다. 소기업과 영세기업들이 어떻게 참여할 것인지 토론한다. 소프트웨어 집약적인 조달에는 '능력성숙모델 평가'와 같은 표준화된 방법을 통해 성숙한 소프트웨어 획득, 개발, 그리고 관리과정을 보유한 기대되는 공급원을 식별할 수가 있다.

5.3.2 공급원 선정(Source Selection)

경쟁입찰, 단독입창, 수의계약 등 어떻게 성공적인 신청자를 선정할 것인지를 식별한다. 공급원 선정 관리를 확인한다. 소프트웨어 집약적 조달에서 성공적인 신청자가 적소에 성숙한 소프트웨어 획득, 개발, 그리고 유지과정을 가지는 것을 보장하기 위해 능력성숙모델 방식을 사용하는 평가의 결과를 공급원 선정 요인으로 사용할 수 있다. 주 선정기준을 간략하게 규정한다. 과거 실적과 공급자의 처리능력 및 과정개선이 선정기준으로 사용되어질 것인지, 아닌지를 언명한다. 공급원 선정동안 야전에 배치된 재품의 현대화 및 지원성을 용이하게 하기 위해 열린 구조 및 모듈러 설계를 요구하고 채점할 것인지를 명확히 한다.

5.3.3 경쟁(Competition)

경쟁을 추구할 것인지, 만약 그렇다면 그것을 어떻게 달성할 것인지 확인한다. FAA는 혁신을 장려하고 비용을 통제하기 위해 생산주기의 모든 단계에서 경쟁을 장려한다. 개발 프로그램에서 위험을 감소시키고 가장 유리한 설계를 선택하기 위한 수단으로서 복수의 경쟁적 시제품 제작 계약을 체결하려는 의도인지를 천명한다.

5.3.4 계약 유형(Contract Type)

사용할 계약유형을 식별한다. 계약 유형은 제품설계의 성숙도에 따라 FAA와 계약자들 사이의 위험을 적절하게 균형을 맞추도록 해야 한다. 성능, 질, 높은 생산성, 그리고 비용 및 일정 통제와 같은 프로그램 목표를 달성하기 위해 비용분담 혹은 인센티브 계약의 사용을 토론한다.

5.3.5 정부제공 자산·정보(Government-Furnished Property/Information)

정부가 제공해야만 하는 정보나 자산이 무엇인지를 확인한다.

5.3.6 승인기준(Acceptance Criteria)

주요 계약 인도물품의 정부승인에 대한 일반적 기준을 규정한다.

5.3.7 보증 및 자료권(Warranties and Data Rights)

보증이나 자료권을 얻을 수 있는지 천명한다.

6. 혜택(Benefits)

이 획득 프로그램의 시행 단계동안 획득 프로그램 기선에 포함된 혜택을 어떻게 추적하고 검증할 인지 규정한다. 몇 가지 혜택의 실현은 통합생산팀의 통제 밖에 있을지도 모른다(즉 규정변화나 항공사의 행동 등). 이 경우 이러한 조치를 위하는 것을 어떻게 보장할 것인지 기술한다.(일례로 AVR의 책임있는 사람을 확장생산팀의 일원으로 만들 수 있다든지 등등)

7. 물리적 통합(Physical Integration)

물리적 통합은 임무요구에 대한 해결책을 물리적 환경에 통합시키는 것에 대한 관심이다. 획득 프로그램 기선에 포함된 물리적 통합 요구가 어떻게 각각의 물리적 통합요소에 맞춰질 것인지 확인한다. 5.2.1에서 책임있는 조직을 확인하고, 역할과 책임을 확인한다. 4개의 주요한 물리적 통합 의사결정점을 확인한다. 이에는 3부분에서 언급한 회계년도별 자금 소요를 포함한다.

7.1 부동산(Real Property)   (2001년 7월 개정)

부동산은 FAA의 통제 아래 있는 소유지와 임대지 그리고 공간 및 다른 건축물을 포함한다.

7.1.1 부지(Land)

필요한 부동산 즉 토지를 획득하기 위한 전략을 간략히 규정한다. 부지의 획득 이전에 국가환경보호법 절차와 적절한 환경안전배려 감사를 거치고 또 기타 적용 가능한 환경법의 적용을 마쳐야 한다. 환경 부동산의 획득을 위한 준비기간(lead time)은 시장조건, 부지의 복잡성 등과 같은 획득 요인들에 따라 다양할 것이며, 투자결정이후에 적절한 지역 획득 조직과의 긴민한 협조 하에서 곧바로 시작해야 한다는 것을 인식해야 한다.   (2001년 7월 추가)

만약 이미 보유한 토지를 대체할 경우에는 기존 토지를 처분하기 전에 필히 환경안전배려 감사를 받아야 한다.   (2001년 7월 추가)

7.1.2 공간(Space)

최종상태 운영 및 새로운 능력으로의 이전 과정 모두에서 요구되는 시스템, 보조장비, 인력을 수용하기 위해 필요한 물리적 공간을 획득하기 위한 전략을 간략히 규정한다. 요구와 복잡성에 따라 획득시기는 다양할지도 모른다. 가능한 한 초기부터 적절한 획득 조직과의 협력이 필요하다.   (2001년 7월 개정)

7.2 보류(Reserved)   (2001년 7월 삽입)

7.3 환경(Environmental)

이 프로그램과 그것의 제품이 요구하는 '환경 위해 물질'을 획득하기 위한 전략을 간략하게 규정한다. 시스템, 시설, 그리고 장비의 전 주기에 걸친 환경적 영향을 최소화하기 위한 요구를 어떻게 관철할 것인지를 설명한다.   (2001년 7월 개정)

7.4 에너지 보존(Energy Conservation)

국가에너지보존정책법의 명령에 따르기 위한 전략을 간략히 규정한다.(2001년 7월 개정)

7.5 난방(Heation), 환기(Ventilation), 냉방 장치(Air Conditioning)

최종 상태(end-state) 운영 및 새로운 능력에 대한 이전 과정 동안 난방, 환기, 냉방장치 소요를 달성하기 위한 전략을 간략히 규정한다.   (2001년 7월 개정)

7.6 기초공사(Grounding), 결속(Bonding), 보호(Shielding)

최종상태로 운영되거나 새로운 능력으로 전환되는 동안 기초공사, 결속, 보호, 낙뢰보호등 소요를 달성하기 위한 전략을 간략히 규정한다.   (2001년 7월 개정)

7.7 전선(Cables)

전선, 전선 배선 등의 소요를 달성하기 위한 전략을 간략히 규정한다.(2001년 7월 개정)

7.8 유해 물질(Hazardous Materials)

최종상태 운용과 새로운 능력으로의 전환 동안 유해 물질과 관련된 소요를 달성하기 위한 전략을 간략히 규정한다. (2001년 7월 개정)

7.9 전력시스템과 상업력(Power Systems and Commercial Powers)

이 획득 프로그램을 위해 동력시스템과 상업적 전력 소요를 만족시키기 위한 전략을 간략히 규정한다. (2001년 7월 개정)

7.10 원격통신(Telecommunication)

최종상태 운용 및 새로운 능력으로의 전환동안 원격통신 소요를 달성하기 위한 전략을 간략히 규정한다. (2001년 7월 개정)

7.11 특별 고려사항(Special Considerations)

최종상태 운용 및 새로운 능력으로의 전환동안 광섬유, 물 및 하수, 도로, 접근로 등과 같은 고려에 관련된 독특한 소요를 달성하기 위한 전략을 간략히 규정한다.
(2001년 7월 개정)

8. 기능적 통합(Functional Integration) (2001년 7월 개정)

아래 각항의 요소들과 관련된 소요를 달성하기 위한 전략을 기술한다. 5.2.1 부문에서는 기능적 통합 노력을 수행하고 관찰하기 위한 역할과 책임을 규정하고 책임있는 기구를 확인한다. 4부문에서는 주 기능적 통합 의사결정점을 확인하고, 3부문에서는 회계연도 별 자금소요를 기술한다. (2001년 7월 개정)

8.1 다른 국가 영공 시스템과 비(非)국가영공 시스템 요인들을 통합

다른 시스템, 하부시스템, 네트워크, 시설, 조직에 대한 인터페이스 소요를 달성하기 위한 전략을 간략히 묘사한다. 여기에는 운용의 모든 단계 및 방식도 포함한다. 원격유지관찰, 운영 지휘 및 통제소요를 포함한다.

8.2 소프트웨어 통합(Software Integration)

소프트웨어 통합 소요를 달성하기 위한 전략에 대해 간략하게 규정한다.

8.3 스펙트럼 관리(Spectrum Management) (2001년 7월 개정)

이 획득 프로그램을 위한 스펙트럼 관리소요를 충족시키고, 국가항공체계의 기타 요소들과의 스펙트럼 호환성을 보장하는 전략을 간략히 규정한다.

8.4 표준화(Standardization)

기능적, 물리적 통합을 용이하게 하는 어떤 표준화 소요와 함께 국가항공체계에서 이미 사용 중인 표준제품의 사용에 연관된 소요를 만족시키기 위한 전략을 간략히 묘사한다. ICAO, ISO, 공간 관리, 혹은 훈련, 군수지원, 인력이동, 건축 및 엔지니어링의 용이하게 하고, 국제적, 국내적, 중앙 및 지방정부 법률과 조례에 확실하게 순응하게 하기 위한 다른 표준들을 달성하는 전략을 규정한다.

9. 인력의 통합(Human Integration) (2001년 7월 개정)

아래와 같이 각각에 관련된 사항들을 성취하기 위한 전략을 간략하게 규정한다. 5.2.1 부문에서 책임을 지닌 조직들을 식별하고 책임과 역할을 규정한다. 또한 4부문에서 주요 기능 통합 의사결정점을 확인하고, 3 부문에서 회계년도에 의한 자금소요를 포함한다.

9.1 인적·제품통합(Human/Product Integration)

제품설계, 그리고 운영자, 유지자를 위한 폭넓은 인지적, 물리적, 그리고 감각적 소요에 영향을 끼치는 인력요인들, 그리고 성능에 공헌하거나 제약을 가하는 지원인력에 관련된 소요, 그리고 효과적인 인간-시스템 인터페이스를 달성할 인적수행을 위한 소요를 만족시키기 위한 전략을 간략히 규정한다.

9.2 고용인의 건강과 안전(Employee Health and Safety)　　　　(2001년 7월)

업무수행을 떨어뜨리는 조건을 피하는 전략과 더불어, 직업적 안전과 건강관리, 국가 화재예방협회, 그 외 다른 안전과 건강 규정들과 관련된 소요를 만족시키기 위한 전략을 간략히 규정한다. 빛, 온도, 소음, 화재 예방, 계단, 사다리와 같은 요인들과 관련된 운용환경소요를 달성하기 위한 전략을 규정한다. 시행이 시설배출구나 화재 안전에 영향을 미치게 될 때 어떻게 위기계획을 향상시킬 것인지에 대해서 상술한다.

9.3 전문화된 기술과 가능성(Specialized Skills and Capability)

관리자, 운영자, 지원 직원의 업무수행에 관해 인식적, 신체적, 감각의 요구사항들 성취하기 위한 전략에 대해서 간략하게 규정한다.

10. 보안(Security)　　　　(2001년 7월)

이 부분에서 각 보안요소들과 관련된 소요를 만족시키기 위한 전략을 규정한다. 책임있는 조직을 식별하고, 5.2.1 부문에서 책임과 역할에 대해서 규정한다. 4부문에서는 일차적 기능통합 의사결정점을 확인하고, 3부문에서는 회계연도에 의한 자금소요를 포함한다.

10.1 물리적 보완(Physical Security)

최종 상태 운영 및 새로운 능력으로의 이전 동안 물리적 시설의 보안과 관계된 소요를 달성하기 위한 전략을 간략히 규정한다.

10.2 정보 보안(Information Security)

최종 상태 운영 및 새로운 능력으로 전이되는 동안 항공 교통 통제, 혹은 다른 민감한 정보에 관련된 정보의 저장, 처리, 전달에 관계있는 소요를 달성하기 위한 전략을 간략히 규정한다.

10.3 인력 보안(Personnel Security)

직원들, 보안허가, 보안훈련, 접근 통제 등과 관련된 소요를 달성하기 위한 전략을 간략히 규정한다.

11. 현직 지원(In-Service support)

다음의 현직지원 요소의 각각에 대해, 본 획득 프로그램을 위한 지원성 소요를 달성하기 위한 전략을 간략히 규정한다. 5.2.1 부문에서는 조직의 역할과 책임을 규정한다 (반드시 통합생산팀과 현직단계동안의 운용 및 유지조직의 역할과 책임을 구분해야 한다). 3부문에서 회계연도에 의한 업무수행중 지원자금소요를 포함한다. 4부문에서 주요 현직지원 의사결정점을 식별한다.

11.1 인원충원(Staffing)

운영, 유지, 지원 활동을 수행하기 위해 요구되어지는 노동시간을 수행하는 인원을 확보하기 위한 전략.

11.2 공급지원(Supply Support)

공급 항목의 발행, 저장, 획득, 목록작성, 수령에 대한 전략

11.3 공급장비(Support Equipment)

시설, 시스템, 장비의 운영과 유지를 지원하고 설치하는데 요구되어지는 도구와 장비를 얻기 위한 전략

11.4 기술자료(Technical Data)

프로그램의 의도된 수명주기에 걸쳐서 어떤 제품을 운용하기 위한 매뉴얼, 규격서, 도안, 그리고 운영시험절차 등과 같은 기록된 정보를 얻고 관리하기 위한 전략.

11.5 트레이닝과 트레이닝지원(Training and training support)

시설, 시스템, 혹은 장비를 설치, 운영, 그리고 유지하기 위한 인력을 훈련시키는데 필요한 과정, 절차, 진행자료, 그리고 기술을 획득하기 위한 전략.

11.6 일차, 이차적 수준의 보수(First and Second Level repair)

현장에서의 자원, 과정, 절차와 하드웨어와 소프트웨어 모두에게 있어 2차적 수준의 엔지니어링 지원을 얻기 위한 전략.

11.7 포장, 취급, 저장, 운송(Packaging, Handling, Storage, and Transportation)

안전하게 보존, 포장, 저장, 운송 되어야하는 지원 아이템, 시스템, 기구들을 보증하기 위한 방법과 자원들을 획득하기 위한 전략

12. 시험 및 평가(Test & Evaluation)　　　(2001년 7월 개정)

시험관련 조직의 역할과 책임들을 규정하고 5.2.1부문에서 모든 시험기능들을 위한 책임있는 기관을 확인한다. 4부문에서 시험 의사결정점을 확인한다. 그리고 3부문에서는 시험인력, 훈련, 시험항목, 시험시설 및 부지, 그리고 항공기 유형 및 숫자, 시뮬레이터, 시뮬레이션 및 모델링, 그리고 하드웨어/소프트웨어 시험대와 같은 것을 포함하는 모든 시험관련 활동 및 기능에 대한 재원소요를 확인한다.

12.1 시험전략 개관　　　(2001년 7월 개정)

각 프로그램 단계(즉, 능력입증, 시재품 개발, 전면개발, 생산, 배비)를 위한 시험전략을 간략히 요약한다. 만약 이 프로그램이 상업적이거나 비개발획득이라면, 정부시험대신에 상업제품시험이나 역사적 이용데이터의 사용을 묘사한다. 운영능력시험 및 입증을 포함하는 어떤 완전한 시험을 식별한다. 사용되어지는 어떤 다른 시험간소화 접근을 식별한다(즉 원천 선택의 요소로서 운용능력입증). 프로그램이 독립적인 운영시험태세 고지를 요구하는 항공교통서비스 부행정관에 의한 독립적인 운용시험 및 평가를 위해 명시되어졌는지 아닌지를 식별한다. 왜 이 시험전략이 제공되어지는 제품과 관련된 위

험을 위해 적절한지 설명한다. 중요한 운용적 이슈들을 식별하고, 어떻게 시험전략이 그들을 완화시킬 것인지를 설명한다. 소요문서로부터 솔류션 실행전반에 걸친 시험활동에 이르기까지 어떻게 확증소요추적메트릭스가 중요한 성능 패러미터 및 중요한 운용적 이슈들을 추적하는데 사용되어지는지를 설명한다.

시험 및 평가의 다음의 각 단계들에 대해서, 어떤 퇴출기준이 시험소요가 충족되는 것을 보장하기 위해 사용되어질 것인지, 그리고 어떻게 시험결과가 사용자/운영자 요구를 충족시키는 질높은 제품을 얻는데 사용되어지는지를 규정한다.

12.2 시스템 시험

본 획득프로그램의 시스템 시험전략을 설명한다. 만약 개발시험이 요구되어진다면, 개발시험의 목표를 정의한다. 운영시험의 개시를 위한 기준을 식별한다. 어떻게 중요한 운영적 이슈들이 각 단계를 위한 시험목표를 정하는데 사용되어지는지를 설명한다. 계약자 시험과 기관시험사이를 차별화시킨다. 어떻게 필요한 시험계획, 절차 그리고 보고서를 식별하고 획득하려는지를 설명한다. 어떻게 정부 및 계약자 인력 둘다를 위한 필요한 시험인력, 도구, 훈련, 그리고 다른 필요한 시험재원을 식별하고 획득하려는 것인지를 식별한다.

12.3. 독립적 운영시험 및 평가
(Independent Operational Test&Evaluation)(IOT&E) (2001년 7월 개정)

만약 항공교통서비스의 행정관이 IOT&E를 위한 이 프로그램에 임명되었다면, ATS 시험팀은 획득전략 문서의 IOT&E 시험전략 부문을 개발시킬 것이다. IOT&E 접근을 묘사한다. 어떻게 중요한 운용이슈들이 소요문서를 형성하는지, 중요한 운용적 이슈들을 해결하기 위한 어떤 한계가 있는지; '독자적 운용시험태세고지'에 표명되어진 IOT&E를 시작하기 위한 전제조건은 무엇인지 묘사해야 한다. IOT&E를 위한 주요 부지를 선정하기 위한 기준/소요를 서술한다. 어떻게 모든 계획, 절차, 그리고 리포터가 개발되어질 것인지를 식별한다. 그리고 어떻게 운용태세가 만들어질 것인지를 위한 평가를 토론한다.

12.4 현장 친화 테스트 (Field Familiarization Test)

어떻게 중요한 운용적 이슈들이 현장친화시험을 위한 시험 목표를 만드는데 사용되어
질 것인지를 설명한다. 이러한 목표들을 달성하기 위한 시험을 어떻게 식별하고, 계획
하고, 실행할 것인지를 설명한다. 필요한 시험계획, 절차, 그리고 리포터를 어떻게 식
별하고 획득할르 것인지를 설명한다. 정부와 계약자 인력 둘다를 위한 필요한 시험인
력, 도구, 훈련, 그리고 다른 필요한 시험재원을 어떻게 식별하고 얻을 것인지를 식별
한다.

13. 실행과 이전(Implement and transition)   (2001년 7월 개정)

새로운 능력을 운용적 사용으로 연결시키기 위한 전략을 규정한다. 이것은 전형적으로
실행기획, 사전설치점검, 설치와 점검, 부지통합, 시스템조정, 범용운용, 대체시스템,
장비, 부지,시설, 그리고 다른 항목의 제거 및 폐기처분을 포함한다. 어떻게 이것이 현
재검토과정에 적용되어지는지를 규정한다. 그리고 만약 적용가능하다면 현재검토체크
목록을 포함한다. 만약 현재결정전에 주요부지에서 다른 부지로의 선적이 계획되어졌
다면, 통합생산개발시스템 지침 97-03에 따라서 현재의사결정자로부터 승인을 요청하
는데 사용되어질 논리를 설명한다. 현재의 능력에서 새로운 능력으로 전이되는 동안 어
떻게 서비스가 유지되어질 것인지를 설명한다. 이 제품을 야전에 배치시키는데 필요한
도구, 자원, 그리고 지원을 어떻게 식별하고 얻을건인지를 설명한다. 5.2.1 부문에서
책임조직을 확인하고, 그들의 책임과 역할을 규정한다. 4 부문에서는 주요한 실행의사
결정점을 식별한다. 그리고 3부문에서 회계연도에 의한 실행자금소요를 포함한다.

14. 품질보증(Quality Assurance)   (2001년 7월 개정)

계약자 및 정부 모두에 적용되어질 품질보증 규제를 확인한다.(즉 계약자 현황보고서,
메트릭스, 현장 품질신뢰도 관리자, 생산자들에 의한 재검토, 독립적 인증 및 유효성).
어떤 품질보증 기준이 요구되어지는지를 확인한다. 만약 정부기준이 요구된다면, 상업
용 기준대신에 왜 정부기준이 요구되는지를 설명한다. 품질보증 행위 및 활동을 관리하

고 의사전달하기 위해 사용될 자동화된 도구를 확인한다. 그리고 공급자 선택의 한 부분으로서 그러한 과정이 평가되고 점수가 매겨질 때에 어떻게 판매자의 소프트웨어 처리의 질이 모니터 되어질 것인지에 대해서 규정한다. 5.2.1 부문에서 품질보증을 위한 조직적 역할과 책임을 포함한다. 4부문에서 일차적 품질보증 의사결정점을 확인한다. 3 부문에서는 회계연도에 의한 품질보증 자금소요를 포함한다.

15. 형상관리(Configuration Management)

하드웨어, 소프트웨어, 자료 문서화, 인터페이스, 도구를 위한 형상관리 소요를 달성하기 위한 전략을 규정한다. 이러한 접근은 조달되는 제품에 따라 다양할 것이다(즉 상업적, 비개발적, 혹은 개발적). 전형적으로 다음의 형상기선은 반드시 마련되고 관리되어야 한다. 변질된 소요의 기능적 기선, 형상항목의 분배된 기선이 그것이다. 소프트웨어 형상관리는 소스코드(source code), 그리고 펌웨어 장치, 시험절차, 그리고 시험사례의 소스코드 수준 프로그래밍 지침을 포함해야 한다. 형상관리를 달성하는데 사용되어지는 도구를 식별해야한다. 5.2.1 부문에서 제품이 수명주기단계를 이동할 때, 판매자와 통합생산팀의 형상 역할과 책임을 규정해야 한다. 4 부문에서 주요 형상관리 의사결정점을 식별한다. 3 부문에서 회계연도 의한 형상관리자금 소요를 포함한다.

16. 실무관리(In-Service Management)

결함을 교정하고, 운용을 개선시키고, 서비스를 위한 미래요구를 만족시키기 위한 기획향상을 위한 기초를 제공하기 위해 취역 기간 동안 본 획득 프로그램의 제품이 어떻게 관찰되고, 평가되어질 것인지를 기술한다. 5.2.1에서 제품수명주기 중 취역기간 동안 주요 FAA 지원조직의 역할과 책임을 식별한다. 4 부문에서 주요 실무지원 의사결정점을 식별한다. 3 부문에서 회계연도에 의한 실무관리 자금소요를 포함한다.

방 위 사 업 법 안

법률 제7845호

제1장 총 칙

제1조(목적) 이 법은 자주국방의 기반을 마련하기 위한 방위력개선·방위산업육성 및 군수품조달 등 방위사업의 수행에 관하여 필요한 사항을 규정함을 목적으로 한다.

제2조(기본이념) 이 법은 국가의 안전보장을 위하여 방위사업에 대한 제도와 능력을 확충하여 국민의 생명과 재산을 안전하게 보호하도록 하고 방위사업을 시행함에 있어서 투명성·전문성 및 효율성을 확보함과 아울러 방위산업의 경쟁력을 향상시켜 자주국방을 실현하는 것을 기본이념으로 한다.

제3조(정의) 이 법에서 사용하는 용어의 정의는 다음과 같다.

1. "방위력개선사업"이라 함은 군사력을 개선하기 위한 무기체계의 구매 및 신규개발·성능개량 등을 포함한 연구개발과 이에 수반되는 시설의 설치 등을 행하는 사업을 말한다.

2. "군수품"이라 함은 국방부 및 그 직할부대·직할기관과 육·해·공군(이하 "각군"이라 한다)이 사용·관리하기 위하여 획득하는 물품으로서 무기체계 및 비무기체계로 구분한다.

3. "무기체계"라 함은 유도무기·항공기·함정 등 전장(戰場)에서 전투력을 발휘하기 위한 무기와 이를 운영하는데 필요한 장비·부품·시설·소프트웨어 등 제반요소를 통합한 것으로서 대통령령이 정하는 것을 말한다.

4. "비무기체계"라 함은 무기체계 외의 장비·부품·시설·소프트웨어 그 밖의 물품 등 제반요소를 말한다.

5. "획득"이라 함은 군수품을 구매(임차를 포함한다. 이하 같다)하여 조달하거나 연구개발·생산하여 조달하는 것을 말한다.

6. "절충교역"이라 함은 국외로부터 무기 또는 장비 등을 구매할 때 국외의 계약 상대방으로부터 관련 지식 또는 기술 등을 이전받거나 국외로 국산무기·장비 또는 부품 등을 수출하는 등 일정한 반대급부를 제공받을 것을 조건으로 하는 교역을 말한다.

7. "방위산업물자"라 함은 군수품 중 제34조의 규정에 의하여 지정된 물자를 말한다.

8. "방위산업"이라 함은 방위산업물자를 생산하거나 연구개발하는 업을 말한다.

9. "방위산업체"라 함은 방위산업물자를 생산하는 업체로서 제35조의 규정에 의하여 지정된 업체를 말한다.

10. "전문연구기관"이라 함은 방위산업물자의 연구개발·시험·측정, 방위산업물자의 시험 등을 위한 기계·기구의 제작·검정, 방위산업체의 경영분석 또는 방위산업과 관련되는 소프트웨어의 개발을 위하여 방위사업청장의 위촉을 받은 기관을 말한다.

11. "방위산업시설"이라 함은 방위산업체 및 전문연구기관에서 방위산업물자의 연구개발 또는 생산에 제공하는 토지 및 그 토지상의 정착물(장비 및 기기를 포함한다)을 말한다.

제4조(다른 법률과의 관계) 방위사업에 관하여 다른 법률에 특별한 규정이 있는 경우를 제외하고는 이 법이 정하는 바에 의한다.

제2장 방위사업수행의 투명화 및 전문화

제5조(정책실명제 및 정보공개) ① 국방부장관 및 방위사업청장은 방위사업에 대한 주요정책의 결정 또는 집행과 관련하여 이에 참여한 자의 소속·직급·성명 및 의견, 각종 계획서·보고서, 회의·공청회 등의 토의내용 및 결정내용 등에 관한 사항을 기록·보존하는 정책실명제를 실시하여야 한다.

② 국방부장관 및 방위사업청장은 방위사업을 추진함에 있어서 의사결정 과정 및 내용에 관한 정보를 공개하여야 한다. 이 경우 정보공개에 관하여는 「공공기관 정보공개에 관한 법률」이 정하는 바에 의한다.

③ 제1항의 규정에 의한 정책실명제의 실시방법 등에 관하여 필요한 사항은 대통령령으로 정한다.

제6조(청렴서약제 및 옴부즈만제도) ①국방부장관 및 방위사업청장은 대통령령이 정하는 바에 따라 방위사업의 수행에 있어서 투명성 및 공정성을 높이기 위하여 다음 각 호의 자에 대하여는 청렴서약서를 제출하도록 하여야 한다.

1. 방위사업청에 소속된 공무원

2. 제9조 및 제10조의 규정에 의한 방위사업추진위원회 및 분과위원회의 위원

3. 「국방과학연구소법」에 의한 국방과학연구소(이하 "국방과학연구소"라 한다) 및 제32조의 규정에 의한 국방기술품질원의 임·직원

    4. 당해 방위사업에 참가하는 다음 각목의 업체 또는 연구기관의 대표 및 임원

       가. 방위산업체(이하 "방산업체"라 한다)

       나. 방위산업과 관련된 업체로서 방산업체가 아닌 업체(이하 "일반업체"라 한다)

       다. 전문연구기관

       라. 제3조 제10호의 규정에 의하여 방위사업청장의 위촉을 받지 아니한 연구기관(이하 "일반연구기관"이라 한다)

② 제1항의 규정에 의한 청렴서약서에는 다음 각 호의 사항이 포함되어야 한다.

    1. 금품·향응 등의 요구·약속 및 수수 금지 등에 관한 사항

    2. 방위사업과 관련된 특정정보의 제공 금지 등에 관한 사항

    3. 그 밖에 방위사업의 투명성 및 공정성을 높이기 위하여 대통령령이 정하는 사항

③ 국방부장관은 제9조 제4항의 규정에 의하여 방위사업추진위원회의 위원으로 위촉된 자가 청렴서약서의 내용을 지키지 아니하는 경우에는 해촉하여야 한다.

④ 방위사업청장은 방위사업수행에 있어 투명성 및 공정성을 높이기 위하여 방위사업수행과정에서 제기된 민원사항에 대하여 조사하고, 시정 또는 감사요구 등을 할 수 있는 옴부즈만제도를 운영할 수 있다.

⑤ 옴부즈만의 자격기준 등 제4항의 규정에 의한 옴부즈만제도의 운영에 관하여 필요한 사항은 대통령령으로 정한다.

제7조(보직자격제) ① 방위사업청장은 방위사업의 수행에 있어 효율성 및 전문성을 향상하기 위하여 특별히 전문성이 필요하다고 인정되는 직위에는 이에 상응한 자격을 갖춘 자를 임명하여야 한다.

② 제1항의 규정에 의한 직위의 범위 및 자격기준 그 밖에 필요한 사항은 대통령령으로 정한다.

제8조(방위사업에 대한 법률적 문제 등 검토) 방위사업청장은 방위사업을 수행함에 있어 국가에 재정적인 손해를 끼칠 수 있는 행위를 사전에 방지하고 방위사업의 원활한 수행을 위하여 계약 또는 협상 등 대통령령이 정하는 사항에 대하여는 미리 법률전문가 등으로 하여금 법률적 문제 등에 대한 검토를 거치게 한 후 추진하여야 한다.

제9조(방위사업추진위원회) ①국방부장관의 소속하에 방위사업의 추진을 위한 주요정책과 재원의 운용 등을 심의·조정하기 위하여 방위사업추진위원회(이하 "위원회"라 한다)를 둔다.

② 위원회는 다음 각 호의 사항을 심의·조정한다.

  1. 방위사업과 관련된 주요 정책 및 계획에 관한 사항
  2. 제13조 제2항의 규정에 의한 방위력개선사업분야의 중기계획수립에 관한 사항
  3. 제14조 제1항의 규정에 의한 방위력개선사업의 예산편성에 관한 사항
  4. 제17조의 규정에 의한 방위력개선사업의 추진방법결정에 관한 사항
  5. 구매하는 무기체계 및 장비 등의 기종결정에 관한 사항
  6. 제20조의 규정에 의한 절충교역에 관한 사항
  7. 제23조 및 제24조의 규정에 의한 분석·평가 및 그 결과의 활용에 관한 사항
  8. 제26조 및 제28조의 규정에 의한 군수품의 표준화 및 품질보증에 관한 사항
  9. 군수품의 조달계약에 관한 사항
  10. 제30조의 규정에 의한 국방과학기술진흥에 관한 중·장기정책의 수립에 관한 사항
  11. 제33조의 규정에 의한 방위산업육성기본계획의 수립에 관한 사항
  12. 제34조 및 제35조의 규정에 의한 방위산업물자(이하 "방산물자"라 한다) 및 방산업체의 지정에 관한 사항
  13. 제36조의 규정에 의한 사업조정 및 조치요구에 관한 사항
  14. 그 밖에 국방부장관과 방위사업청장이 위원회의 심의·조정이 필요하다고 인정하는 사항

③ 위원회는 위원장 1인을 포함한 20인 이내의 위원으로 구성한다. 이 경우 제4항 제4호 및 제5호에 해당하는 자가 각각 2인씩 포함되어야 한다.

④ 위원회의 위원장은 국방부장관이 되고, 부위원장은 방위사업청장이 되며, 위원은 다음 각 호의 자가 된다.

  1. 국방부·방위사업청·합동참모본부 및 각군의 실·국장급 공무원 또는 장관급장교중에서 대통령령이 정하는 자
  2. 과학기술부·산업자원부·기획예산처의 실·국장급 공무원으로서 소속 기관의 장이 추천하는 자중에서 국방부장관이 위촉하는 자
  3. 국방과학연구소장 및 제32조의 규정에 의한 국방기술품질원의 장
  4. 국회 해당 상임의원회가 추천하는 자중에서 국방부장관이 위촉하는 자
  5. 방위사업에 관한 전문지식 및 경험이 풍부하거나 학식과 덕망을 갖춘 자

로서 방위사업청장이 추천하는 자중에서 국방부장관이 위촉하는 자

⑤ 위원회의 구성·운영과 위원의 임기 등에 관하여 필요한 사항은 대통령령으로 정한다.

제10조(분과위원회 및 전문위원) ①위원회의 업무를 효율적으로 수행하기 위하여 분야별로 분과위원회를 둔다.

② 분과위원회가 위원회로부터 위임받은 사항 또는 대통령령이 분과위원회의 소관사항으로 정한 사항에 관하여 심의·조정을 한 경우에 위원회가 필요하다고 판단하는 사안에 대하여는 재심의·조정할 수 있다..

③ 위원회와 분과위원회의 주요 심의사항에 관한 자문을 구하기 위하여 위원회의 위원장은 방위사업에 관한 전문지식 및 경험이 있는 자중에서 전문위원을 위촉할 수 있다.

④ 전문위원은 위원회 및 분과위원회에 출석하여 발언할 수 있으며 필요한 경우 위원회에 서면으로 의견서를 제출할 수 있다.

⑤ 분과위원회의 구성·운영 및 전문위원의 임기 등에 관하여 필요한 사항은 대통령령으로 정한다.

제3장 방위력개선사업

제1절 방위력 개선사업 수행의 원칙

제11조(방위력개선사업 수행의 기본원칙) 방위사업청장은 방위력개선사업을 수행하는 경우 다음 각 호의 원칙을 준수하여야 한다.

1. 국방과학기술발전을 통한 자주국방의 달성을 위한 무기체계의 연구개발 및 국산화 추진
2. 각군이 요구하는 최적의 성능을 가진 무기체계를 적기에 획득함으로써 전투력 발휘의 극대화 추진
3. 무기체계의 효율적인 운영을 위한 안정적인 종합군수지원책의 강구
4. 방위력개선사업을 추진하는 전 과정의 투명성 및 전문성 확보
5. 국가과학기술과 국방과학기술의 상호 유기적인 보완·발전 추진
6. 제18조의 규정에 의한 연구개발의 효율성을 높이기 위한 국제적인 협조체제의 구축

제12조(통합사업관리제) ① 방위사업청장은 방위력개선사업의 효율적인 수행을 위하여 필요한 경우 단위사업별로 그 단위사업을 관리하는 자로 하여금 계획수립·예

산편성·기종결정·협상·계약관리·품질보증관리 및 기술관리 등 각 기능별 전문인력을 통합구성하여 그 단위사업의 모든 과정을 관리하는 통합사업관리제를 시행하도록 하여야 한다.

② 제1항의 규정에 의한 통합사업관리제의 운영방법·절차 등에 관하여 필요한 사항은 방위사업청장이 정한다.

제2절 국방중기계획 및 예산

제13조(국방중기계획 등) ① 국방부장관은 합리적인 군사력 건설을 위하여 방위력개선사업분야 및 경상운영분야 등에 관한 중기계획(이하 "국방중기계획"이라 한다)을 대통령의 승인을 얻어 수립한다.

② 국방중기계획 중 방위력개선사업분야에 대한 중기계획은 방위사업청장이 국방부 장관의 지침을 받아 작성하여 국방부 장관에게 제출하고, 국방부 장관이 미리 위원회의 심의·조정을 거쳐야한다. 이 경우 무기체계에 대한 소요(所要)의 우선순위와 국가재정운용계획 등을 고려하여야 한다.

③ 제2항의 규정에 의한 방위력개선사업분야에 대한 중기계획수립에 관하여 필요한 사항은 대통령령으로 정한다.

제14조(예산편성 및 집행) ① 방위사업청장은 국방중기계획 및 국방부장관의 예산편성지침을 근거로 방위력개선사업분야 예산을 편성하고 국방부장관에게 보고한다.

② 방위사업청장은 방위력개선사업분야 예산의 효율적인 집행 및 관리를 위하여 예산집행계획과 운용방안을 수립하여야 한다.

③ 제1항 및 제2항의 규정에 의한 예산편성 및 집행에 관하여 필요한 사항은 대통령령으로 정한다.

제3절 소요의 결정 및 수정

제15조(소요결정) ① 국방부장관은 방위력개선사업을 위한 무기체계 등의 소요에 대하여 합동참모의장이 합동참모회의의 심의를 거쳐 제기한 바에 따라 결정한다.

② 국방부장관은 제1항의 규정에 의한 소요의 결정이 객관적·합리적으로 이루어질 수 있도록 이와 관련된 업무를 수행하는 인력이 각군별로 균형있게 편성되도록 하여야 한다.

③ 제1항의 규정에 의한 소요 결정의 절차 등은 대통령령으로 정한다.

제16조(소요의 수정) ① 국방부장관은 제15조 제1항의 규정에 의하여 결정된 무기체계 등의 소요를 수정할 수 있다. 이 경우 합동참모의장은 국방부장관에게 소요의

수정을 건의할 수 있다.

② 제1항의 규정에 의하여 무기체계 등의 소요를 수정하는 경우에는 제15조 제1
항의 규정을 준용한다. 다만, 대통령령이 정하는 경미한 사항을 수정하는 경우
에는 그러하지 아니하다.

제4절 방위력개선사업의 수행

제17조(방위력개선사업의 추진방법 등) ① 방위사업청장은 제15조 제1항의 규정에 의
하여 방위력개선사업을 위한 무기체계 등의 소요가 결정된 경우에는 당해 무기체
계에 대한 연구개발의 가능성·소요시기 및 소요량, 국방과학기술수준, 방위산업
육성효과, 기술적·경제적 타당성, 비용대비 효과 등에 대한 조사·분석을 한 선
행연구(先行研究)를 거친 후 방위력개선사업의 추진방법을 결정하여야 한다. 다
만, 전시·사변·해외파병 등 방위력개선사업에 대한 긴급한 무기체계 등의 소요
가 있는 경우에는 그러하지 아니하다.

② 제1항의 규정에 의한 선행연구를 함에 있어서 필요한 경우에는 국방과학연구
소, 각군 및 관계 부처 등의 의견을 반영하여야 한다.

③ 제1항의 규정에 의한 방위력개선사업의 추진방법은 연구개발 또는 구매로 구
분하여 수행한다.

제18조(연구개발) ① 방위사업청장은 제17조 제3항의 규정에 의한 무기체계의 연구개
발에 필요한 핵심기술을 미리 연구개발하여 확보할 수 있도록 하여야 한다.

② 방위사업청장은 연구개발을 수행함에 있어서 효율적인 예산의 집행과 효과적
인 군사력의 강화를 위하여 무기체계 중 전략적으로 가치가 있는 무기와 제1
항의 규정에 의한 핵심기술을 우선적으로 추진하여야 한다.

③ 방위사업청장은 정부가 무기체계 및 핵심기술의 연구개발에 필요한 비용의 전
부 또는 일부를 부담하는 경우에는 연구개발 주관기관을 선정하여 이를 추진
할 수 있다.

④ 방위사업청장은 무기체계 및 핵심기술의 연구개발을 수행하는 경우에는 연구
또는 시제품의 항목·방법·규모 그 밖에 필요한 사항을 정하여 방산업체·일
반업체·전문연구기관 또는 일반연구기관으로 하여금 연구 또는 시제품생산
을 위촉할 수 있다.

⑤ 방위사업청장은 제4항의 규정에 의한 연구 또는 시제품생산을 위촉한 때에는
연구비 또는 시제품생산비를 지급하여야 한다.

⑥ 무기체계 및 핵심기술의 연구개발의 절차 등에 관하여 필요한 사항은 국방부

　　령으로 정한다.

제19조(구매) ① 방위사업청장은 국내에서 생산된 군수품을 우선적으로 구매한다. 다만, 국내구매가 곤란한 경우에는 국외에서 생산된 군수품을 구매할 수 있다.

　② 방위사업청장은 구매사업의 효율적인 수행을 위하여 필요한 경우에는 위원회의 추천을 받아 국제계약관련 분야에서 근무한 경력이 있는 자 등 대통령령이 정하는 민간전문가를 구매절차에 참여하게 할 수 있다.

　③ 방위력개선사업의 추진을 위한 구매절차 등에 관하여 필요한 사항은 대통령령으로 정한다.

제20조(절충교역) ① 방위사업청장은 제19조 제1항의 규정에 의하여 국외로부터 군수품을 구매하는 경우에 대통령령이 정하는 금액 이상의 단위사업에 대하여는 절충교역을 추진하는 것을 원칙으로 한다.

　② 방위사업청장은 절충교역을 통하여 확보할 수 있는 기술 등을 선정하고자 하는 경우에는 제30조 제1항의 규정에 의한 국방과학기술진흥에 관한 중·장기 정책 및 실행계획과 연계되도록 하여야 한다.

　③ 방위사업청장이 절충교역을 추진하고자 하는 경우에는 다음 각 호의 어느 하나에 해당하는 조건을 충족하여야 한다.

　　1. 방위력개선사업에 필요한 기술의 확보

　　2. 구매하는 무기체계에 대한 군수지원능력의 확보

　　3. 계약상대국에서 생산하는 무기체계의 개발 및 생산에의 참여

　　4. 방산물자 등 군수품의 수출

　　5. 계약상대국의 무기체계에 대한 정비물량의 확보

제21조(시험평가) ① 방위사업청장은 무기체계를 연구개발 또는 구매하거나 제18조 제1항의 규정에 의한 핵심기술을 연구개발 하고자 하는 경우에는 시험평가의 기준·항목·방법 및 시기 등 당해 무기체계 및 핵심기술을 시험평가하기 위한 계획을 동시에 수립하여야 한다.

　② 각군과 각 기관(국방과학연구소·방산업체·일반업체·전문연구기관 및 일반연구기관을 말한다. 이하 이 조에서 같다)은 제1항의 규정에 의한 시험평가계획에 따라 무기체계 및 핵심기술의 시험평가를 실시한다. 이 경우 시험평가 결과를 방위사업청장에게 통보하여야 한다.

　③ 방위사업청장은 시험평가의 전문성과 투명성을 높이기 위하여 필요한 경우에는 위원회의 추천을 받아 민간전문가를 시험평가에 참여하게 할 수 있다.

　④ 방위사업청장은 제2항의 규정에 따라 통보받은 시험평가 결과를 근거로 당해

무기체계 및 핵심기술이 시험평가기준 등을 충족하는지 여부를 판정하고, 위원회에 보고한다.

⑤ 제1항의 규정에 의한 시험평가계획의 수립에 관하여 필요한 사항은 대통령령으로 정한다.

제22조(성능개량) ① 방위사업청장은 운용 중인 무기체계 또는 생산단계에 있는 무기체계의 성능 및 품질향상을 위하여 성능개량을 추진할 수 있다.

② 제1항의 규정에 불구하고 무기체계의 운용환경이 현저히 변경되거나 무기체계의 중대한 운용성능이 변경되는 경우에는 제15조의 규정에 의한 소요결정 절차에 따라 추진한다.

③ 제1항의 규정에 의한 성능개량의 추진절차 등에 관하여 필요한 사항은 국방부령으로 정한다.

제5절 분석 · 평가

제23조(분석 · 평가의 실시) ① 방위력개선사업을 수행함에 있어서 의사결정의 합리성을 도모하고 재원을 효율적으로 사용하기 위하여 방위력개선사업의 분석 · 평가체계를 확립하고, 이에 따라 분석 · 평가를 실시하여야 한다. 다만, 방위력개선사업 중 연구개발에 대한 분석 · 평가는 「과학기술기본법」 제12조의 규정에 의한다.

② 방위사업청장은 다음 각 호에 관한 분석 · 평가를 실시한다.

　　1. 당해 사업의 예산이 집행되기 전까지의 방위력개선사업분야의 중기계획 수립 및 예산편성 등에 필요한 분석 · 평가

　　2. 당해 사업의 예산이 집행되고 있는 과정에서 사업의 중간성과 등에 관한 분석 · 평가

　　3. 당해 사업의 예산집행이 완료된 후 사업의 집행성과 등에 관한 분석 · 평가

③ 국방부장관은 제2항 각 호에 규정된 것 외에 방위력개선사업에 대한 소요제기 및 배치된 무기체계의 전력화 등에 관한 분석 · 평가를 실시한다. 이 경우 합동참모의장 또는 각군 참모총장으로 하여금 실시하게 할 수 있다.

④ 국방부장관 및 방위사업청장은 분석 · 평가의 신뢰성을 높이기 위하여 필요한 경우에는 민간전문기관을 분석 · 평가에 참여하게 할 수 있다.

⑤ 제2항 내지 제4항의 규정에 의한 분석 · 평가의 방법 및 절차 등은 국방부령으로 정한다.

제24조(분석 · 평가 결과의 활용) ① 방위사업청장은 방위력개선사업을 효율적으로 수행하기 위하여 제23조 제2항 제1호 및 제2호의 규정에 의한 분석 · 평가의 결과

가 당해 방위력개선사업의 추진단계별 의사결정에 활용되도록 하여야 한다.

② 방위사업청장은 제23조 제2항 제3호의 규정에 의한 분석·평가의 결과가 방위력개선사업의 정책결정에 활용되도록 하여야 한다.

③ 국방부장관은 제23조 제3항의 규정에 의한 분석·평가의 결과가 방위력개선사업의 소요결정 등에 활용되도록 하여야 하며, 제23조 제2항의 규정에 의한 분석·평가 결과에 대하여 군의 작전환경 및 기술변화 등을 고려하여 필요한 경우 방위사업청장에게 재분석·평가 또는 시정조치를 요구할 수 있다.

제4장 조달 및 품질관리

제25조(조달계획 및 방법) ① 방위사업청장은 국방부장관의 지침에 의하여 군수품의 조달계획을 수립하고 이에 따라 군수품을 조달한다.

② 군수품은 국방예산의 효율적인 집행을 위하여 방위사업청에서 일괄적으로 조달한다. 다만, 대통령령이 정하는 바에 따라 각군에서 직접 조달하거나 조달청에 요청하여 구매할 수 있다.

제26조(표준화) ① 방위사업청장은 군수품을 효율적으로 획득하기 위하여 군수품의 표준화에 대한 계획을 수립하여야 한다. 이 경우 「산업표준화법」 제10조의 규정에 의한 한국산업규격을 적용할 수 있는 사항에 대하여는 이를 반영하여야 한다.

② 방위사업청장은 제1항의 규정에 의하여 수립된 계획에 따라 표준품목을 지정 또는 해제하고, 군수품의 규격을 제정·개정 또는 폐지하며, 군수품의 물리적 또는 기능적 특성을 식별하여 관리하여야 한다.

③ 제2항의 규정에 의한 표준품목의 지정 또는 해제, 군수품 규격의 제정·개정 또는 폐지와 군수품의 물리적 또는 기능적 특성에 따른 관리에 관하여 필요한 사항은 대통령령으로 정한다.

제27조(군수품목록정보) ① 방위사업청장은 제26조의 규정에 의한 표준화에 따라 군수품을 분류하여 품명 및 재고번호를 부여하고 특성 등을 작성하여 이를 군수품 목록정보로 관리하여야 한다.

② 방위사업청장은 제1항의 규정에 의한 군수품목록정보를 관리하고 이용하기 위한 계획을 수립·시행하여야 하며, 군수품목록정보의 국제교류를 위하여 노력하여야 한다.

제28조(품질보증) ① 방위사업청장은 군수품을 획득하고자 하는 때에는 연구개발 및 구매의 각 단계별로 당초 사용자가 요구한 조건에 부합하는지 여부를 확인하기

위하여 군수품의 품질을 검사하고 그에 따른 미비점에 대한 수정·보완방안이 포함된 품질보증에 대한 계획을 수립·시행한다.

② 제1항의 규정에 의한 각 단계별 품질보증에 대한 구체적인 방법 등은 국방부령으로 정한다.

제29조(품질경영) ① 방위사업청장은 산업자원부장관과 협의하여 방산물자의 생산에 있어서 그 품질을 보장하기 위하여 방산업체 또는 전문연구기관의 책임경영 및 자원관리 등에 관한 기준을 정한다.

② 방산업체 또는 전문연구기관은 제1항의 규정에 의한 기준에 따라 방산물자의 품질경영에 필요한 조치를 하여야 한다.

③ 산업자원부장관과 방위사업청장은 협의하여 방산물자의 연구개발·구매 및 생산을 함에 있어서 필요한 경우에는 방산업체 또는 전문연구기관으로부터 보고를 받거나, 방위산업시설(이하 "방산시설"이라 한다) 그 밖에 필요한 장소에 관계 공무원 등을 파견하여 품질경영 또는 기술지도를 하게 할 수 있다.

④ 제3항의 규정에 의하여 파견된 관계 공무원 등은 방산업체 또는 전문연구기관의 경영자에게 방산물자의 품질경영 등에 대한 필요한 조치를 요구할 수 있다.

제5장 국방과학기술의 진흥

제30조(국방과학기술진흥에 관한 정책의 수립 및 집행) ① 국방부장관은 국방과학기술진흥에 관한 중·장기정책을 수립하며, 방위사업청장은 이에 관한 실행계획을 수립하고 집행한다. 이 경우 대통령령이 정하는 사항에 대하여는 「과학기술기본법」 제9조의 규정에 의한 국가과학기술위원회의 심의를 거쳐야 한다.

② 제1항의 규정에 의하여 중·장기정책 및 실행계획의 수립에 관하여 필요한 사항은 대통령령으로 정한다.

제31조(국방과학기술정보의 관리) ① 방위사업청장은 국방과학기술과 관련이 있는 다음 각 호의 정보를 체계적으로 종합·관리하여야 한다.

1. 연구개발을 통하여 확보한 기술정보
2. 주요 방산물자의 생산을 위하여 국외로부터 도입한 기술정보
3. 절충교역에 의하여 국외 계약상대방으로부터 이전받은 기술정보
4. 「산업교육진흥 및 산학협력촉진에 관한 법률」 제2조 제2호의 규정에 의한 산업교육기관, 연구기관 및 산업체 등과 협력을 통하여 연구개발한 기술정보

    5. 특허권·실용신안권 등 산업재산권목록과 제품규격서·설계도면 등에 관한 정보

    6. 그 밖에 정부가 국내외에서 수집한 국방과학기술자료정보

② 방위사업청장은 제1항의 규정에 의하여 관리하는 국방과학기술정보중 군사목적상 공개하기가 곤란하다고 인정되는 것을 제외한 정보에 대하여는 「과학기술기본법」에 의한 국가과학기술지식·정보의 관리·유통에 관한 시책에 따라 관리·유통될 수 있도록 하여야 한다.

③ 각군 또는 정부출연연구기관은 보유하고 있는 국방과학기술을 방위사업청장의 승인을 얻어 국내의 관련 업체 또는 기관 등에 유상 또는 무상으로 이전할 수 있다.

④ 방위사업청장은 제1항의 규정에 의한 국방과학기술정보의 체계적 관리를 위하여 무기체계별 기술 보유현황 및 주요 선진국과 비교한 국내기술수준에 대한 조사를 3년마다 실시하여야 한다.

제32조(국방기술품질원의 설립) ① 국방과학기술 및 무기체계에 관한 정보의 확보·유통·관리와 품질보증 등의 업무를 효율적으로 수행하기 위하여 국방기술품질원을 설립한다.

② 국방기술품질원은 법인으로 한다.

③ 국방기술품질원은 그 주된 사무소가 있는 곳에서 설립등기를 함으로써 성립한다.

④ 국방기술품질원의 정관에는 다음 각 호의 사항을 기재하여야 한다.

    1. 목적

    2. 명칭

    3. 주된 사무소의 소재지

    4. 사업 및 재정에 관한 사항

    5. 임원에 관한 사항

    6. 이사회에 관한 사항

    7. 정관변경에 관한 사항

    8. 해산에 관한 사항

⑤ 국방기술품질원이 정관을 작성 또는 변경하고자 하는 때에는 방위사업청장의 인가를 받아야 한다. 이 경우 방위사업청장은 인가를 하기 전에 국방부장관의 승인을 얻어야 한다.

⑥ 국방기술품질원은 다음 각 호의 사업을 수행한다.

1. 국방과학기술의 기획에 대한 업무지원과 국방과학기술에 대한 조사·분석
2. 방위력개선사업에 대한 조사·분석·평가에 대한 업무지원
3. 핵심기술개발사업의 수행기관 선정 및 수행결과 평가 등에 대한 지원
4. 국방과학기술 및 무기체계에 관한 정보의 통합관리
5. 군수품의 품질보증 및 방산물자의 품질경영 등에 대한 업무지원과 이에 관하여 방위사업청장이 위탁하는 사업
6. 방위사업을 수행하는 과정에서 요구되는 군수품의 표준화 및 시험평가 등에 대한 기술지원
7. 중앙행정기관 및 지방자치단체 등과 협력하여 추진하는 부품국산화 등 국방기술협력사업에 대한 기술지원
8. 군수품에 대한 수출·수입가격정보의 수집 및 제공에 관한 사항
9. 그 밖에 국방과학기술의 관리 등과 관련하여 대통령령이 정하는 사항

⑦ 정부는 국방기술품질원의 설립·운영에 필요한 경비를 출연한다.
⑧ 국방기술품질원의 운영 및 감독 등에 필요한 사항은 대통령령으로 정한다.
⑨ 국방기술품질원에 관하여 이 법에 규정되지 아니한 사항에 대하여는 「민법」중 재단법인에 관한 규정을 준용한다.

제6장 방위산업육성

제33조(방위산업육성기본계획의 수립) ① 방위사업청장은 방위산업을 합리적으로 지원·육성하기 위하여 방위산업육성기본계획(이하 "기본계획"이라 한다)을 수립하여야 한다.
② 기본계획에는 다음 각 호의 사항이 포함되어야 한다.
1. 방위산업육성의 기본정책에 관한 사항
2. 방위산업 생산설비의 합리화에 관한 사항
3. 방산물자의 연구개발 및 구매에 관한 사항
4. 방산물자의 국산화 추진에 관한 사항
5. 방산물자의 생산능력 판단에 관한 사항
6. 방위산업 관련 인력의 개발 및 기술수준에 관한 사항
7. 방위산업의 국제협력 및 수출에 관한 사항
8. 그 밖에 방위사업청장이 방위산업의 육성을 위하여 필요하다고 인정하는 사항

③ 기본계획의 수립에 관하여 필요한 사항은 대통령령으로 정한다.

제34조(방산물자의 지정) ① 방위사업청장은 산업자원부장관과 협의하여 무기체계로 분류된 물자 중에서 안정적인 조달원 확보 및 엄격한 품질보증 등을 위하여 필요한 물자를 방산물자로 지정할 수 있다. 다만, 무기체계로 분류되지 아니한 물자로서 대통령령이 정하는 물자에 대하여는 이를 방산물자로 지정할 수 있다.

② 방산물자는 주요방산물자와 일반방산물자로 구분하여 지정한다.

③ 제2항의 규정에 의한 주요방산물자와 일반방산물자의 구분 그 밖에 방산물자의 지정에 관하여 필요한 사항은 대통령령으로 정한다.

제35조(방산업체의 지정 등) ① 방산물자를 생산하고자 하는 자는 대통령령이 정하는 시설기준과 보안요건 등을 갖추어 산업자원부장관으로부터 방산업체의 지정을 받아야 한다. 이 경우 산업자원부장관은 방산업체를 지정함에 있어서 미리 방위사업청장과 협의하여야 한다.

② 산업자원부장관은 제1항의 규정에 의하여 방산업체를 지정하는 경우에는 주요방산업체와 일반방산업체로 구분하여 지정한다. 다음 각 호의 어느 하나에 해당하는 방산물자를 생산하는 업체를 주요방산업체로, 그 외의 방산물자를 생산하는 업체를 일반방산업체로 지정한다.

  1. 총포류 그 밖의 화력장비
  2. 유도무기
  3. 항공기
  4. 함정
  5. 탄약
  6. 전차·장갑차 그 밖의 전투기동장비
  7. 레이더·피아식별기 그 밖의 통신·전자장비
  8. 야간투시경 그 밖의 광학·열상장비
  9. 전투공병장비
  10. 화생방장비
  11. 지휘 및 통제장비
  12. 그 밖에 방위사업청장이 군사전략 또는 전술운용에서 중요하다고 인정하여 지정하는 물자

③ 방산업체의 매매·경매 또는 인수·합병, 그 밖의 사유로 경영상 지배권의 실질적인 변화가 예상되는 경우로서 대통령령이 정하는 기준에 해당되는 때에는 당해 방산업체와 경영상 지배권을 실질적으로 취득하고자 하는 자는 대통령령

이 정하는 바에 따라 관계 서류를 제출하여 미리 산업자원부장관의 승인을 얻어야 한다. 다만, 「외국인투자촉진법」 제6조 제3항 내지 제6항의 규정에 의하여 산업자원부장관의 허가를 받은 경우에는 그러하지 아니하다.

④ 산업자원부장관은 제3항 본문의 규정에 의한 승인을 하고자 하는 때에는 방위사업청장과 미리 협의하여야 한다.

⑤ 제1항 및 제2항의 규정에 의한 지정에 관하여 필요한 사항은 대통령령으로 정한다.

제36조(사업조정제도 등) ① 방위사업청장은 방위사업과 관련된 업체로서 「중소기업의 사업영역보호 및 기업간 협력증진에 관한 법률」 제2조 제2호의 규정에 의한 대기업자(이하 "대기업자"라 한다)가 동법 제2조 제1호의 규정에 의한 중소기업자(이하 "중소기업자"라 한다)를 인수·합병하거나 방산업체간에 중복투자를 함으로써 방위산업의 효율성을 현저히 해할 우려가 있는 경우에는 산업자원부장관과 협의하여 대기업자와 중소기업자간 또는 방산업체간의 사업을 조정할 수 있다.

② 방위사업청장은 제1항의 규정에 의하여 사업조정을 하는 경우 위원회의 심의를 거쳐 다음 각 호의 사항을 권고할 수 있다.

　1. 대기업자에 대하여 사업의 인수·개시 또는 확장의 시기를 2년의 범위 안에서 기간을 지정하여 이를 연기하거나 생산품목·생산수량 또는 생산시설 등의 축소

　2. 방산업체에 대하여 투자의 시기 또는 규모를 조정하거나 중복투자의 제한

③ 방위사업청장은 대기업자가 「독점규제 및 공정거래에 관한 법률」 제23조 제1항의 규정에 의한 불공정거래행위를 하였다고 인정하는 때에는 위원회의 심의를 거쳐 산업자원부장관에게 이를 통보하고, 동법 제24조 및 제24조의2의 규정에 따라 필요한 조치를 하여 줄 것을 공정거래위원회에 요구할 수 있다. 이 경우 공정거래위원회는 지체 없이 필요한 조치를 하여야 한다.

④ 방위사업청장은 제1항 및 제3항의 규정에 의한 사업조정 및 조치요구를 하고자 하는 경우에는 사실조사를 하고, 그 결과를 위원회에 보고하여야 한다.

⑤ 방위사업청장이 제2항의 규정에 의한 권고를 하였음에도 정당한 사유 없이 권고사항을 이행하지 아니하는 경우에는 그 내용을 공표하고, 공표 후 3월이 경과하여도 권고사항을 이행하지 아니하는 경우에는 당해 대기업자 또는 방산업체에 그 이행을 명할 수 있다.

⑥ 방위사업청장은 제1항의 규정에 의하여 사업조정을 하고자 하는 경우에는 당해 대기업자 또는 방산업체로 하여금 위원회의 심의를 거칠 때까지 당해 사업

　　의 인수·개시·확장 또는 투자를 일시 정지할 것을 권고할 수 있다.

　⑦ 제4항 및 제5항의 규정에 의한 사실조사 및 공표의 내용·방법·절차 등에 관하여 필요한 사항은 대통령령으로 정한다.

제37조(보호육성) ① 방산업체는 정부로부터 방산물자의 생산 및 조달에 관한 보장을 받는다.

　② 정부는 주요방산물자를 생산하는 방산업체에 대하여는 다음 각 호의 사항을 우선적으로 지원한다.

　　1. 제18조 제5항의 규정에 의한 연구 또는 시제품 생산의 위촉

　　2. 제38조의 규정에 의한 자금의 융자

　　3. 그 밖에 방산업체를 보호육성하기 위하여 대통령령으로 정하는 사항

제38조(자금융자) 정부는 방위산업의 육성을 위하여 필요한 때에는 방산업체에 대하여 다음 각 호의 어느 하나에 해당하는 자금을 장기 저리로 융자할 수 있다. 다만, 제3호에 해당하는 자금은 일반업체에 대하여도 이를 융자할 수 있다.

　　1. 방산시설의 설치·이전·개체(改替)·보완 또는 확장에 필요한 자금

　　2. 원자재의 구매 및 비축에 필요한 자금

　　3. 방산물자 그 밖의 군수품의 국산화를 위한 개발자금

　　4. 방산물자의 수출을 위한 자금

　　5. 핵심기술 및 부품 개발에 필요한 자금

　　6. 연구개발 및 유휴시설 유지를 위하여 필요한 자금

　　7. 그 밖에 방산업체의 운영에 필요한 자금

제39조(보조금의 교부 등) ① 방위사업청장은 방위산업의 육성을 위하여 필요하다고 인정되는 때에는 방산업체 또는 전문연구기관에 대하여 다음 각 호의 사항에 소요되는 비용의 전부 또는 일부를 보조할 수 있다.

　　1. 방위산업 전용기기의 구매 또는 설치

　　2. 연구개발 또는 기술도입

　　3. 군수품의 품질검사 또는 방산물자의 품질경영

　　4. 그 밖에 방위산업의 육성을 위하여 대통령령으로 정하는 사항

　② 방산업체 또는 전문연구기관은 제1항의 규정에 의한 보조금에 의하여 취득하거나 그 효용이 증가된 재산을 방위사업청장의 승인을 얻지 아니하고 양도·교환 또는 대부하여서는 아니된다.

제40조(기술인력의 처우 등) ① 방위사업청장은 국방과학연구소·국방기술품질원·방산업체·전문연구기관·군정비부대(군정비창을 포함한다. 이하 같다) 또는 군

조달부대에 종사하는 기술인력이나 우수한 방산물자 및 그에 관한 핵심기술을 연구개발한 자에 대하여는 대통령령이 정하는 바에 따라 예산의 범위 안에서 장려금 등을 지급할 수 있다.

② 방산업체 또는 전문연구기관은 기술인력을 확보하고 방산물자의 시제품생산 또는 공급의 원활을 기하여야 한다.

제41조(방위산업지원) 방위사업청·각군·국방과학연구소·국방기술품질원 및 군정비부대는 방산물자의 연구개발 또는 생산을 위하여 방산업체 또는 전문연구기관의 비용부담으로 방산업체 또는 전문연구기관에 대한 기술지원 및 생산지원을 할 수 있다.

제42조(협회 등의 설립 등) ① 방산업체·일반업체·전문연구기관·일반연구기관 및 방위사업 관련 학회 등은 방위산업의 건전한 발전을 위하여 대통령령이 정하는 바에 따라 협회 또는 단체를 설립할 수 있다.

② 제1항의 규정에 의하여 설립되는 협회 또는 단체는 법인으로 한다.

③ 제1항의 규정에 의한 협회 또는 단체를 설립하고자 하는 자는 방위사업청장의 허가를 받아야 한다.

④ 제1항 및 제2항의 규정에 의한 협회 또는 단체에 대하여 이 법에 규정되지 아니한 사항에 관하여는 「민법」중 사단법인에 관한 규정을 준용한다.

⑤ 제1항의 규정에 의한 협회 또는 단체의 기능 및 감독 등에 관하여 필요한 사항은 대통령령으로 정한다.

제43조(보증기관의 지정) ① 방위사업청장은 방산업체 등의 재정적인 부담을 경감하고 방산업체 등이 보증기관을 편리하게 이용할 수 있도록 하기 위하여 방위사업과 관련된 제2항 각 호의 규정에 의한 보증업무를 수행하는 기관(이하 "보증기관"이라 한다)을 지정할 수 있다.

② 보증기관의 보증업무의 범위는 다음 각 호와 같다.

  1. 제38조의 규정에 의한 자금융자에 대한 지급보증
  2. 제46조 제1항의 규정에 의한 방산물자의 조달·연구 및 시제품생산계약의 입찰보증금·계약보증금 및 하자보증금에 대한 지급보증
  3. 제46조 제2항의 규정에 의한 착수금 및 중도금에 대한 지급보증
  4. 「군수품관리법」 제24조의 규정에 의한 관급품에 대한 지급보증
  5. 제55조의 규정에 의한 원자재의 비축을 위하여 필요한 자금의 대부보증
  6. 그 밖에 방산업체 등이 방위사업을 수행함에 있어 필요한 보증

③ 보증기관의 지정요건·지정방법 및 지정절차 등에 관하여 필요한 사항은 대

통령령으로 정한다.

제44조(방산물자 등의 수출지원) ① 방위사업청장은 국방부장관의 승인을 얻어 방산물자 및 국방과학기술의 수출진흥을 위하여 필요하다고 인정하는 때에는 대통령령이 정하는 바에 따라 방위산업의 투자촉진과 수출시장의 확대 등을 위하여 필요한 조치를 할 수 있다.

② 방위사업청장은 제1항의 규정에 의한 수출진흥을 위하여 필요하다고 인정하는 때에는 다음 각 호의 어느 하나에 해당하는 자에게 대통령령이 정하는 바에 따라 예산의 범위 안에서 재정적인 지원을 하거나 물적·인적 지원을 할 수 있다.

　1. 수출진흥을 위한 자문·지도·대외홍보·전시·연수 또는 상담알선 등을 업으로 하는 자

　2. 국내·외에서 방산물자와 관련한 전시장을 설치·운영하거나 전시장에 방산물자를 출품하는 자

　3. 방산물자수출을 위한 국제협력을 추진하는 자

③ 방위사업청장은 제1항 및 제2항의 규정에 의한 수출진흥업무를 추진하기 위하여 필요한 경우 주요 수출국에 수출협력을 위하여 소속 공무원을 파견할 수 있다.

제45조(국유재산의 양도 또는 대부 등) ① 정부는 국유재산 중 잡종재산과 물품(군수품을 포함한다. 이하 같다)에 대하여는 「국유재산법」에 불구하고 수의계약에 의하여 방산업체에 매각하거나 유상 또는 무상으로 대부할 수 있으며, 국유재산 중 행정재산에 대하여는 「국유재산법」에 불구하고 대통령령이 정하는 바에 따라 무상으로 사용허가를 할 수 있다.

② 정부는 방산업체 또는 전문연구기관에 대하여 방산물자의 생산·연구·시제품생산을 위하여 필요한 때에는 「물품관리법」에 불구하고 대통령령이 정하는 바에 따라 필요한 전용기기 또는 물품을 유상 또는 무상으로 대부 또는 양도할 수 있다.

③ 방산업체 또는 전문연구기관은 제1항 또는 제2항의 규정에 의하여 유상 또는 무상으로 양도·대부 또는 사용허가를 받은 국유재산이나 물품을 그 용도 외로 사용하여서는 아니된다.

④ 정부는 방산업체가 수출을 목적으로 국가가 보유한 방산시설 또는 방산물자의 양도·대부·사용 또는 교환 등을 요청하는 경우에는 다른 법령의 규정에 불구하고 군 작전 및 전력유지에 지장이 없는 범위 안에서 그 방산시설 또는 방

산물자를 유상 또는 무상으로 양도·대부 또는 사용허가를 하거나 방산업체 소유의 방산물자와 교환 등을 할 수 있다.

⑤ 제4항의 규정에 의하여 방산시설이나 방산물자의 교환 등을 하는 경우에 그 가격이 서로 동일하지 아니한 때에는 그 차액을 금전으로 정산하여야 한다.

⑥ 제4항 및 제5항의 규정에 의한 방산시설 또는 방산물자의 양도·대부·사용 허가 또는 교환 등에 관하여 필요한 사항은 대통령령으로 정한다.

제46조(계약의 특례 등) ① 정부는 방산물자와 무기체계를 운용에 필수적인 수리부속 품을 조달하거나 제18조 제5항의 규정에 의하여 연구 또는 시제품생산(이와 관련된 연구용역을 포함한다)을 위촉하는 경우에는 단기계약·장기계약·확정계약 또는 개산계약을 체결할 수 있다. 이 경우 「국가를 당사자로 하는 계약에 관한 법률」 및 관계 법령의 규정에 불구하고 계약의 종류·내용·범위 그 밖에 필요한 사항은 대통령령으로 정한다.

② 제1항의 규정에 의한 계약을 체결하는 경우에 그 성질상 착수금 및 중도금을 지급할 필요가 있다고 인정되는 때에는 당해 연도 예산에 계상된 범위 안에서 착수금 및 중도금을 지급할 수 있다. 이 경우 지급된 착수금 및 중도금은 당해 계약의 수행을 위한 용도 외에 사용하여서는 아니된다.

③ 제1항의 규정에 의한 계약을 체결하는 경우에 원가계산의 기준 및 방법과 제2 항의 규정에 의한 착수금 및 중도금의 지급기준·지급방법 및 지급절차는 국 방부령으로 정한다. 이 경우 국방부장관은 미리 재정경제부장관과 협의하여야 한다.

④ 제1항의 규정에 의한 계약중 장기계약을 체결한 경우에 지급되는 착수금 및 중도금에 대하여는 「국가를 당사자로 하는 계약에 관한 법률」 및 관계 법령의 규정에 불구하고 계약물품을 최종납품할 때까지 정산을 유예할 수 있다.

제47조(방산업체 지정의 결격사유)다음 각 호의 어느 하나에 해당하는 경우에는 방산 업체의 지정을 받을 수 없다.

1. 제48조 제1항의 규정에 의하여 방산업체 지정의 취소를 받은 방산업체의 임 원(임원의 배우자 및 직계존비속을 포함한다)이었던 자가 그 취소를 받은 날 부터 3년이 경과하지 아니하고 지정을 받고자 하는 업체의 임원인 경우

2. 제48조 제1항의 규정에 의하여 방산업체 지정의 취소를 받은 날부터 6월이 경과하지 아니하고 동일한 장소에서 동일한 시설을 이용하여 방산업체로 지정 을 받고자 하는 경우

제48조(지정의 취소 등) ① 산업자원부장관은 방산업체가 다음 각 호의 어느 하나에

해당된 때에는 방위사업청장과 협의하여 그 지정을 취소할 수 있다.

    1. 방산업체의 대표 및 임원이 제6조의 규정에 의한 청렴서약서의 내용을 위반한 때

    2. 제35조 제1항의 규정에 의한 시설기준 및 보안요건에 미달하게 된 때

    3. 제35조 제3항의 규정에 의한 승인을 얻지 못한 때

    4. 정당한 사유없이 정부에 대한 방산물자의 공급계약을 거부 또는 기피하거나 이행하지 아니한 때

    5. 제36조 제5항의 규정에 의한 이행명령을 이행하지 아니한 때

    6. 사위(詐僞) 또는 부정한 방법으로 제38조의 규정에 의한 자금융자를 받거나 융자받은 자금을 그 용도 외에 사용한 때

    7. 사위 또는 부정한 방법으로 제39조 제1항의 규정에 의한 보조금을 지급받거나 지급받은 보조금을 그 용도 외에 사용한 때

    8. 제39조 제2항의 규정에 의한 승인을 얻지 아니하고 재산을 처분한 때

    9. 제45조 제3항의 규정을 위반하여 국유재산이나 물품을 용도 외에 사용한 때

    10. 제49조 제1항의 규정에 의한 시설의 개체·보완·확장 또는 이전에 필요한 조치명령을 이행하지 아니한 때

    11. 제53조 제1항의 규정에 의한 명령에 위반한 때

    12. 허위 그 밖에 부정한 내용의 원가자료를 정부에 제출하여 공급계약을 체결한 때

    13. 방산업체가 부도·파산 그 밖의 불가피한 경영상의 사유로 정상적인 영업이 불가능한 경우에 관련 서류를 첨부하여 산업자원부장관에게 방산업체 지정의 취소를 요청한 때

② 방위사업청장은 방산업체가 제1항 제1호 내지 제12호의 어느 하나에 해당된 때에는 산업자원부장관에게 그 지정의 취소를 요청할 수 있다.

③ 방위사업청장은 방산물자가 다음 각 호의 어느 하나에 해당하게 된 때에는 산업자원부장관과 협의하여 그 지정을 취소할 수 있다.

    1. 2개 이상의 업체에서 조달이 용이하고 품질을 보증할 수 있다고 인정된 때

    2. 군의 소요가 없거나 편제장비가 삭제된 때

    3. 비밀등급이 저하되어 「군사기밀보호법」 제2조의 규정에 의한 군사기밀이 요구되지 아니하게 된 때

4. 연구개발 또는 구매의 계획변경·취소 등으로 방산물자지정의 취소가 필요하거나 방산물자지정을 계속 유지할 필요가 없는 때

④ 방위사업청장은 보증기관이 정관에 정한 목적 외의 사업을 하거나, 지정조건을 위반하는 행위를 하는 때에는 보증기관의 지정을 취소할 수 있다.

⑤ 산업자원부장관 및 방위사업청장은 제1항 및 제4항의 규정에 의하여 방산업체 및 보증기관의 지정을 취소하고자 하는 경우에는 청문을 실시하여야 한다.

⑥ 제1항·제3항 및 제4항의 규정에 의한 지정취소의 절차 등에 관하여 필요한 사항은 대통령령으로 정한다.

제7장 보 칙

제49조(시설의 개체·보완·확장 또는 이전) ① 산업자원부장관은 전시·사변 또는 이에 준하는 비상시에 있어서 국방상 긴요한 필요가 있는 때에는 방위사업청장의 요청에 의하여 방산업체를 경영하는 자에 대하여 그 방산업체가 방산물자의 생산에 직접 제공하는 시설의 개체·보완·확장 또는 이전에 필요한 조치를 할 것을 명할 수 있다.

② 산업자원부장관은 제1항의 명령에 의한 시설의 개체·보완·확장 또는 이전으로 인하여 발생하는 손실에 대하여는 이를 보상하여야 한다.

③ 제1항의 규정에 의한 개체·보완·확장 또는 이전의 명령이 있는 시설이 속하는 사업을 승계한 자는 그 명령에 따른 제1항 및 제2항의 권리·의무를 승계한다.

제50조(비밀의 엄수) 다음 각 호의 어느 하나에 해당하는 자는 방위사업과 관련하여 그 업무수행 중 알게 된 비밀을 누설하거나 도용하여서는 아니된다.

1. 제6조 제1항 제1호·제2호의 자 및 그직에 있었던 자

2. 제6조 제5항의 규정에 의하여 옴부즈만으로 위촉된 자

3. 국방기술품질원·방산업체·일반업체·전문연구기관 또는 일반연구기관의 대표, 임·직원 및 그 직에 있었던 자

4. 국방기술품질원·방산업체·일반업체·전문연구기관 또는 일반연구기관에서 방산물자의 생산 및 연구에 종사하거나 종사하였던 자

제51조(방산물자의 생산 및 매매계약에 관한 협의 등) 정부기관 또는 정부기관 외의 자가 국내치안유지·경계·연구·시험 또는 검사 등의 목적에 사용하기 위하여 방산물자를 필요로 하는 경우에는 방산업체와 방산물자의 생산·매매계약을 체

결하여 이를 구매할 수 있다. 이 경우 정부기관은 미리 방위사업청장과 협의하여야 하며, 정부기관 외의 자는 관계 중앙행정기관의 장의 추천을 거쳐 방위사업청장의 승인을 얻어야 한다.

제52조(기술료의 징수 및 사용) ① 방위사업청장은 국방과학기술의 연구개발결과를 이용하고자 하는 자와 당해 기술의 이용에 관한 계약을 체결하고 그 기술을 이용하는 자로부터 기술료를 징수할 수 있다.

② 제1항의 규정에 의하여 징수된 기술료는 다음 각 호의 용도에 사용되어야 한다.

    1. 연구개발에의 재투자

    2. 국방과학기술과 관련된 지식재산권출원 및 관리 등에 관한 비용

    3. 제40조 제1항의 규정에 의한 장려금

    4. 당해 국방과학기술을 연구개발한 기관의 운영경비

③ 제1항의 규정에 의한 기술료의 산정·징수방법 및 징수절차 등에 관하여 필요한 사항은 방위사업청장이 정하여 고시한다.

제53조(군용총포·도검·화약류 등의 제조 등에 관한 특례) ① 군용총포·도검·화약류 등에 대하여는 다른 법령의 규정에 불구하고 대통령령이 정하는 바에 따라 방위사업청장이 그 제조·수입·수출·양도·양수·소지·사용·저장·운반 및 폐기 등에 관한 허가와 감독을 행하며, 이에 필요한 명령을 발하거나 조치를 한다.

② 군용총포·도검·화약류 등에 대하여 제1항에 규정된 사항을 제외하고는 「총포·도검·화약류 등 단속법」의 규정을 준용한다.

제54조(매도명령 등) ① 방위사업청장은 전시·사변 또는 이에 준하는 비상시에 국방상 긴요한 필요가 있거나, 방산업체를 경영하는 자 또는 판매를 위하여 방산물자를 소유하고 있는 자가 정당한 이유없이 방산물자의 생산 또는 판매를 거부하여 국가의 안전보장에 중대한 위협을 초래하는 경우 등에는 방산업체를 경영하는 자 또는 판매를 위하여 방산물자를 소유하고 있는 자에 대하여 양도의 시기·가격, 대가의 지급시기·지급방법 그 밖에 필요한 사항을 정하여 방산물자를 정부에 양도할 것을 명할 수 있다.

② 방위사업청장은 방산물자의 소유자를 알 수 없어 제1항의 규정에 의한 양도명령을 할 수 없는 경우에는 정당한 권리에 의하여 당해 방산물자를 점유하는 자에게 인도의 시기·가격, 대가의 지급시기·지급방법 그 밖에 필요한 사항을 정하여 이의 인도를 명할 수 있다.

③ 제1항의 규정에 의한 양도가격을 정하는 경우에는 생산원가 및 기업이윤 등을 참작하여야 한다.

제55조(원자재의 비축) ① 방산업체는 방산물자의 생산을 위한 원자재를 비축하여야
    한다.
    ② 제1항의 규정에 의한 원자재의 비축관리 그 밖에 필요한 사항은 대통령령으로
    정한다.
제56조(휴업 및 폐업) 방산업체가 당해 업을 휴업 또는 폐업하고자 하는 때에는 미리
    산업자원부장관의 승인을 얻어야 한다. 이 경우 산업자원부장관은 방위사업청장
    과 협의하여야 한다.
제57조(수출 등의 규제) ① 주요방산물자 및 국방과학기술을 국외로 수출하거나 그 거
    래를 중개(제3국간의 중개를 포함한다)하는 것을 업으로 하고자 하는 자는 대통
    령령이 정하는 바에 따라 방위사업청장에게 신고하여야 한다.
    ② 방산물자 및 국방과학기술을 국외로 수출하거나 그 거래를 중개하고자 하는
    경우에는 대통령령이 정하는 바에 따라 산업자원부장관 또는 방위사업청장의
    허가를 받아야 한다.
    ③ 주요방산물자 및 국방과학기술의 수출허가를 받기 전에 수출상담을 하고자 하
    는 자는 국방부령이 정하는 바에 따라 방위사업청장의 수출예비승인을 얻어야
    하며, 국제입찰에 참가하고자 하는 자는 국방부령이 정하는 바에 따라 방위사
    업청장의 국제입찰참가승인을 얻어야 한다.
    ④ 방위사업청장은 대통령령이 정하는 바에 따라 관계 행정기관의 장과 협의하여
    주요방산물자 및 국방과학기술의 수출을 제한하거나 조정을 명할 수 있다.
제58조(부당이득의 환수) 방위사업청장은 방산업체·일반업체·전문연구기관 또는
    일반연구기관이 허위 그 밖에 부정한 내용의 원가계산자료를 정부에 제출하여 부
    당이득을 얻은 때에는 대통령령이 정하는 바에 따라 부당이득금과 부당이득금에
    상당하는 가산금을 환수하여야 한다.
제59조(청렴서약위반에 대한 제재) 방위사업청장은 제6조 제1항 제4호에 해당하는 자
    가 청렴서약서의 내용을 지키지 아니한 경우에는 대통령령이 정하는 바에 따라
    해당 방산업체·일반업체·전문연구기관 및 일반연구기관에 대하여 1년의 범위
    안에서 입찰참가자격을 제한하는 등의 제재를 할 수 있다.
제60조(공무원 의제 등) ① 위원회의 위원중 공무원이 아닌 위원과 분과위원, 제6조
    제5항의 규정에 의하여 옴부즈만으로 위촉된 자는 「형법」 그 밖의 법률에 의한
    벌칙의 적용에 있어서는 이를 공무원으로 본다.
    ② 국방기술품질원의 임원 및 직원에 대하여는 「국가공무원법」 제7장 복무에 관한
    규정 및 「공무원직장협의회의 설립·운영에 관한 법률」을 준용하며, 「형법」 그

밖의 법률에 의한 벌칙의 적용에 있어서는 이를 공무원으로 본다.

제61조(권한의 위임·위탁) ① 국방부장관은 이 법에 의한 권한의 일부를 대통령령이 정하는 바에 의하여 방위사업청장에게 위임할 수 있다.

② 방위사업청장은 이 법에 의한 권한의 일부를 대통령령이 정하는 바에 의하여 국방과학연구소장 및 국방기술품질원의 장에게 위탁할 수 있다.

제8장 벌 칙

제62조(벌칙) ① 사위 또는 부정한 방법으로 제38조 또는 제39조 제1항의 규정에 의한 융자금 또는 보조금을 받거나 융자금 또는 보조금을 그 용도 외에 사용한 자는 10년 이하의 징역이나 금고에 처하거나 융자 또는 보조받은 금액의 10배 이하에 상당하는 벌금에 처한다.

② 사위 또는 부정한 방법으로 제53조 또는 제57조 제2항의 규정에 의한 허가를 받거나 허가를 받지 아니하고 당해 행위를 한 자는 10년 이하의 징역이나 금고 또는 5천만원 이하의 벌금에 처한다.

③ 제50조의 규정을 위반하여 그 업무수행중 알게 된 비밀을 누설하거나 도용한 자는 5년 이하의 징역이나 금고 또는 3천만원 이하의 벌금에 처한다.

④ 다음 각 호의 어느 하나에 해당하는 자는 3년 이하의 징역이나 금고 또는 1천만원 이하의 벌금에 처한다.

  1. 제39조 제2항의 규정을 위반하여 방위사업청장의 승인을 얻지 아니하고 재산을 양도·교환 또는 대부한 자

  2. 제46조 제2항의 규정에 의하여 지급받은 착수금 또는 중도금을 그 용도 외에 사용한 자

  3. 제48조 제1항 제12호의 행위를 한 자

  4. 제49조 제1항·제53조 또는 제54조의 규정에 의한 명령에 위반한 자

⑤ 다음 각 호의 어느 하나에 해당하는 자는 1년 이하의 징역 또는 500만원 이하의 벌금에 처한다.

  1. 제35조 제3항 본문의 규정에 의한 승인을 얻지 아니하고 경영상 지배권을 실질적으로 취득한 자

  2. 제45조 제3항의 규정을 위반하여 국유재산이나 물품을 용도 외에 사용한 자

  3. 제51조의 규정에 의하여 생산·매매계약을 체결하여 구매한 방산물자를

그 목적 외에 사용한 자

4. 제56조의 규정에 의한 승인을 얻지 아니하고 휴업·폐업한 자

⑥ 다음 각 호의 어느 하나에 해당하는 자는 500만원 이하의 벌금에 처한다.

1. 정당한 사유없이 제55조의 규정에 의한 방산물자의 생산을 위한 원자재를 비축하지 아니한 자

2. 제57조 제1항의 규정에 의한 신고를 하지 아니하고 주요방산물자의 수출업을 영위하거나 허위 그 밖에 부정한 방법으로 주요방산물자의 수출업의 신고를 한 자

제63조(양벌규정) 법인의 대표자 또는 법인이나 자연인의 대리인, 사용인과 그 밖의 종업원이 그 법인 또는 자연인의 업무에 관하여 제62조의 행위를 한 때에는 행위자를 처벌하는 외에 그 법인 또는 자연인에 대하여도 제62조의 규정에 의한 벌금형을 과한다.

부 칙

제1조(시행일) 이 법은 공포한 날부터 시행한다. 다만, 제32조의 규정은 공포 후 1월이 경과한 날부터 시행한다.

제2조(다른 법률의 폐지) 방위산업에관한특별조치법은 이를 폐지한다.

제3조(국방기술품질원의 설립준비) ① 방위사업청장은 이 법 공포일부터 30일 이내에 5인 이하의 설립위원을 위촉하여 국방기술품질원의 설립에 관한 사무를 처리하게 하여야 한다.

② 설립위원은 국방기술품질원의 정관을 작성하여 방위사업청장의 인가를 받아 국방기술품질원의 설립등기를 하여야 한다.

③ 설립위원은 국방기술품질원의 설립등기를 완료한 때에는 지체 없이 국방기술품질원의 장에게 사무를 인계하여야 하며, 사무인계가 끝난 때에는 해촉된 것으로 본다.

제4조(방산업체지정의 결격사유에 관한 적용례) 제47조의 규정은 이 법 시행 후 최초로 방산업체 지정의 취소를 받은 경우부터 적용한다.

제5조(처분 등에 관한 경과조치) 이 법 시행당시 종전의 「방위산업에 관한 특별조치법」의 규정에 의하여 행정기관이 행한 처분과 행정기관에 대하여 행한 신청 또는 신고 등에 대하여 이 법에 그에 관한 규정이 있는 경우에는 이 법의 규정에 의하여 행한 처분·신청 또는 신고 등으로 본다.

제6조(전문화·계열화업체 등에 관한 경과조치) 이 법 시행당시 종전의 「방위산업에 관한 특별조치법」의 규정에 의하여 전문화·계열화된 업체 및 물자에 대하여는 이 법 시행일부터 2008년 12월 31일까지는 종전의 「방위산업에 관한 특별조치법」의 규정을 적용한다.

제7조(방위산업육성기금에 관한 경과조치) ① 이 법 시행당시 종전의 「방위산업에 관한 특별조치법」에 의하여 설치된 방위산업육성기금은 이 법 시행일부터 2006년 12월 31까지는 종전의 「방위산업에 관한 특별조치법」의 규정을 적용한다. 종전의 「방위산업에 관한 특별조치법」 제7조의2 제5항의 규정에 의한 국방부장관의 권한은 이를 방위사업청장이 행한다.

② 제1항의 규정에 의한 방위산업육성기금의 자산과 채권·채무는 2007년 1월 1일부터 국가의 일반회계가 이를 승계한다.

제8조(전문연구기관의 지정에 관한 경과조치) 이 법 시행당시 종전의 「방위산업에 관한 특별조치법」에 의하여 연구기관으로 지정받은 기관은 이 법에 의하여 지정을 받은 것으로 본다.

제9조(방산업체 등의 지정에 관한 경과조치) 이 법 시행당시 종전의 「방위산업에 관한 특별조치법」에 의하여 방산업체 또는 방산물자로 지정받은 업체 또는 물자에 대하여는 이 법에 의하여 지정받은 것으로 본다.

제10조(방위산업진흥회에 관한 경과조치) ① 이 법 시행당시 종전의 「방위산업에 관한 특별조치법」에 의하여 설립인가를 받은 방위산업진흥회는 제42조의 규정에 의하여 설립허가를 받은 단체로 본다.

② 제1항의 규정에 의한 방위산업진흥회는 제43조의 규정에 의하여 보증기관으로 지정받은 것으로 본다.

③ 이 법 시행 당시 종전의 「방위산업에 관한 특별조치법」 제22조의3제7항의 규정에 의하여 방위산업진흥회가 대행하고 있는 업무는 방위사업청장이 이를 승계한다.

제11조(국방부조달본부 및 각군의 행위에 관한 경과조치) 이 법 시행 전에 시험평가·협약 등 방위사업과 관련하여 국방부조달본부 및 각군이 행한 행위는 이 법에 의하여 방위사업청장이 행한 것으로 본다.

제12조(국방품질관리소의 채권·채무 및 직원 등에 관한 경과조치) ① 이 법 시행당시 국방과학연구소가 소속기구인 국방품질관리소의 장의 명의로 한 행위와 관련된 채권·채무와 국방과학연구소의 자산 중 국방품질관리소의 장이 사용·관리하고 있는 자산은 국방기술품질원이 승계한다.

② 국방기술품질원의 설립당시 국방품질관리소에 근무하고 있는 직원에 대하여
는 국방기술품질원의 설립과 동시에 정관이 정하는 기능·조직 및 정원의 범
위 안에서 국방기술품질원이 이를 승계한다.

③ 이 법 시행 전에 국방품질관리소의 장이 행한 행위중 방위사업청의 업무에 속
하는 행위는 방위사업청장이 한 것으로 보고, 국방기술품질원의 업무에 속하
는 행위는 국방기술품질원장이 한 것으로 본다.

제13조(벌칙에 관한 경과조치) 이 법 시행 전 종전의 방위산업에관한특별조치법의 위
반행위에 관한 벌칙의 적용에 있어서는 동법의 규정에 의한다.

제14조(특별채용 등의 특례) ① 이 법 시행 당시 방위사업을 효율적으로 추진하고 그
업무의 연속성을 유지하기 위하여 방위사업과 관련한 업무를 수행하거나 수행하
던 군무원을 2006년 6월 30일까지 방위사업청 소속 공무원으로 특별채용할 수
있다. 이 경우 「국가공무원법」 제28조 제2항 제3호의 규정에 불구하고 임용예정
직급에 상응한 소요근무기간을 단축할 수 있다.

② 제1항의 규정에 의하여 특별채용된 자에 대하여는 「국가공무원법」 제29조 제
1항 본문의 규정에 불구하고 시보임용을 면제할 수 있으며, 동법 제40조의 규
정에 불구하고 대통령령이 정하는 바에 의하여 승진임용할 수 있다.

③ 제1항의 규정에 의하여 특별채용된 자의 봉급액이 특별채용되기 전의 봉급액
보다 적은 경우에는 「국가공무원법」 제47조 제1항의 규정에 불구하고 대통령
령이 정하는 바에 의하여 봉급차액의 전부 또는 일부를 보전할 수 있다.

④ 제1항의 규정에 의하여 특별채용된 군무원중 30년 이상 군무원으로 재직(군
인 및 다른 공무원으로 재직한 기간을 포함한다)한 자에 대하여 「상훈법」 제
15조의 규정에 의한 훈장을 수여하기 위하여 재직기간을 산정할 경우 방위사
업청에 근무한 기간은 군무원으로 계속 근무한 것으로 본다.

⑤ 제1항의 규정에 의한 특별채용에 있어서의 응시자격 및 시험방법 등에 관하여
는 대통령령으로 정한다.

제15조(다른 법률의 개정) ① 軍刑法 일부를 다음과 같이 개정한다.

제13조 제3항 제2호 중 "방위산업에관한특별조치법"을 「방위사업법」"으로 한다.

② 基金管理基本法 일부를 다음과 같이 개정한다.

별표 2 제8호를 삭제한다.

③ 勞動組合및勞動關係調整法 일부를 다음과 같이 개정한다.

제41조 제2항 중 "防衛産業에관한特別措置法"을 「방위사업법」"으로 한다.

④ 民·軍兼用技術事業促進法 일부를 다음과 같이 개정한다.

제2조 제3호 중 "軍需品管理法令"을 "「방위사업법」"으로, "國防部長官"을 "방위사업청장"으로 한다.

제6조 제4항, 제9조 제2항·제3항, 제10조 제3항 및 제11조 제2항 중 "國防部長官"을 각각 "방위사업청장"으로 한다.

제14조 제2항 중 "방위산업에관한특별조치법 제12조"를 "「방위사업법」 제46조"로 한다.

제15조 제2항 중 "國防部長官"을 "방위사업청장"으로, "방위산업에관한특별조치법 제4조 내지 제4조의3의 規定에 의한 방산업체 및 방산물자로 지정하거나 전문화 및 계열화함에"를 "「방위사업법」 제34조 및 제35조의 규정에 의한 방산물자 및 방산업체로 지정함에"로 하고, 동조 제5항 전단 및 후단중 "국방부장관"을 각각 "방위사업청장"으로 한다.

제18조 제4호를 삭제한다.

⑤ 兵役法 일부를 다음과 같이 개정한다.

제38조 제2호를 다음과 같이 한다.

2. 「방위사업법」 제18조 및 제35조의 규정에 의한 전문연구기관 및 방위산업체〔군정비부대(軍整備部隊)를 포함한다〕중에서 지정업체로 선정된 전문연구기관 또는 방위산업체에 종사하고 있는 사람

⑥ 租稅特例制限法 일부를 다음과 같이 개정한다.

제105조 제1항 제1호 중 "防衛産業에관한特別措置法"을 "「방위사업법」"으로, "防衛産業體"를 "방산업체"로, "防衛産業物資"를 "방산물자"로 한다.

⑦ 기술개발촉진법 일부를 다음과 같이 개정한다.

제12조 제1항 및 제2항 중 "주무부장관"을 각각 "관계 중앙행정기관의 장"으로 한다.

제16조(다른 법령과의 관계) 이 법 시행당시 다른 법령에서 종전의 「방위산업에 관한 특별조치법」의 규정을 인용하고 있는 경우에 이 법 중 그에 해당하는 규정이 있는 때에는 종전의 규정에 갈음하여 이 법 또는 이 법의 해당 규정을 인용한 것으로 본다.

■ Department of Defense

Under Secretary of Defense (Acquisition, Technology and Logistics) (USD[AT&L])
http://www.acq.osd.mil/
ACQWeb offers a library of USD(AT&L) documents, a means to view streaming videos, and jump points to many other valuable sites.

Director, Defense Procurement and Acquisition Policy (DPAP)
http://www.acq.osd.mil/dpap
Procurement and Acquisition Policy news and events; reference library; DPAP organizational breakout; acquisition education and training policy and guidance.

DoD Inspector General
http://www.dodig.osd.mil/pubs/index.html
Search for audit and evaluation reports, Inspector General testimony, and planned and on-going audit projects of interest to the acquisition community.

Deputy Director, Systems Engineering, USD(AT&L/IO/SE)
http://www.acq.osd.mil/io/se/index.htm
Systems engineering mission; Defense acquisition Workforce Improvement Act information, training, and related sites; information on key areas of systems engineering responsibility.

USD(AT&L) Knowledge Sharing System (fromerly Defense Acquisition Deskbook)
http://desdbook.dau.mil
Automated acquisition referense tool covering mandatory and discretionary practices.

Defense Acquisition University (DAU)
http://www.dau.mil
DAU Course Catalog, Program Manager magazine and Acquisition Review Quarterly journal; course schedule; policy documents; guidebooks; and training and education news for the Defense Acquisition Workforce.

Defense Acquisition University Distance Learning Courses
http://dau.mil/registrar/apply.asp
Take DAU course online at your desk, at home, at your convenience!

Army Acquisition Support Center
http://asc.rdaisa.army.mil
News; policy; Army AL&T Magazine; programs; career information; events; traning opportunities.

Assistant Secretary of the Army (Acquisition, Logistics&Technology)
https://webportal.saalt.army.mil/
ACAT Listing; ASA(ALT) Bulletin; digital documents library; ASA(ALT) organization; quick links to other Army acquisition sites.

Navy Acquisition Reform
http://www.ar.navy.mil
Acquisition policy and guidance; World-class Practices; Acquisition Center of Excellence; traning opportunities.

Navy Acquisition, Research and Development Information Center
http://www.onr.navy.mil/sci_tech/industral/nardic/
News and announcements; acronyms; publications and regulations; technical reprots; "How to Do Business with the Navy"; much more!

Naval Sea Systems Command
http://www.navsea.navy.mil
Total Ownership Cost (TOC); documentation and policy; Reduction Plan; Implementation Timeline; TOC reporting templates; Frequently Asked Qusetions.

Navy Acquisition and Business Management
http://www.abm.rda.hq.navy.mil
Policy documents; training opportunities; guides on areas such as risk management, acquis- ition environmental issues, past performance, and more; news and assistance for the Standardized Procurement System (SPS) community; notices of upcoming events.

Navy Best Manufacturing Practices Center of Excellence
http://www.bmpcoe.org
A national resource to identify and share best manufacturing and business practices being

used throughout industry, government, and academia.

Naval Air Systems Command (NAVAIR)

http://navair.navy.mil

Provides advanced warfare technology through the efforts of seamless, integrated, world-wide network of aviation technology experts.

Space and Naval Warfare Systems Command (SPAWAR)

https://e-commerce.spawar.navy.mil

Your source for SPAWAR business opportunities, acquisition news, solicitations, and small business information.

Joint Interoperability Test Command (JITC)

http://jitc.fhu.disa.mil

Policies and procedures for interoperability certification. Access to lessons learned; link for requesting support.

Air Force (Acquisition)

http://www.safaq.hq.af.mil/

Policy; career development and training opporunities; reducing TOC; library; links.

Air Force Materiel Command (AFMC) Contracting Laboratory's FAR Site

http://farsite.hill.af.mil/

FAR search tool; Commerce Business Dilay Announcements (CBDNet); Federal Register; Electronic Forms Library.

Defense Systems Management College (DSMC)

http://www.dau.mil

DSMC educational products and services; course schedules; job opportunities.

Defense Advanced Research Projects Agency (DARPA)

http://www.darpa.mil

News releases; current solicitations; "Doing Business with DARPA."

Defense Information Systems Agency (DISA)

http://www.nima.mil

Structure and mission of DISA; Defense Information System Network; Defense Message System; Global Command and Control System; much more!

National Imagery and Mapping Agency

http://www.niam.mil

Imagery; maps and geodata; Freedom of Information Act resources; publications.

Defense Modeling and Simulation Office (DMSO)

http://www.dmso.mil

DoD Modeling and Simulation Master Plan; document library; events; services.

Defense Technical Information Center (DTIC)

http://www.dtic.mil/

Technical reports; products and services; registration with DTIC; special programs; acronyms; DTIC FAQs.

Defense Electronic Business Program Office (DEBPO)

http://www.defenselink.mil/acq/ebusiness/

Policy; newsletters; Central Contractor Registration; Assistance Centers; DoD EC Partners.

Open Systems Joint Task Force

http://www.acq.osd.mil/osjtf

Open Systems education and training opportunities; studies and assessments; projects, initiatives and plans; reference library.

Government-Industry Data Exchange Program (GIDEP)

http://www.gidep.org/

Fedrally funded co-op of government-industry participants, providing an electronic forum to exchange technical information essential to research, desing, development, production, and operational phases of the life cycle of systems, facilities, and equipment.

■ Federal Civilian Agencies

Acquisition Reform Network(ARNET)

http://www.arnet.gov/

Virtual Libray; federal acquisition and procurement opportunities; best practices; electronic forums; business opportunities; acquisition training; Excluded Parties List.

Committee for purchase from people Who are Blind or Severely Disabled

http://www.jwod.gov

Provides information and guidance to federal customers on the requirements of the Javits-Wagner-O'Day (JWOD)Act.

Federal Acquisition Institute(FAI)

http://www.fainline.com

Virtual campus for learning opportunities as well as information access and performance support.

Federal Acquisition Jump Station

http://prod.nais.nasa.gov/pub/fedproc/home.html

Procurement and acquisition servers by contracting activity; CBDNet; Reference Library.

Federal Aviation Administration(FAA)

http://www.asu.faa.gov

Online policy and guidance for all aspects of the acquisition process.

General Accounting Office(GAO)

http://www.gao.gov

Access to GAO repots, policy and guidance, and FAQs.

Genenral Services administration(GSA)

http://www.gsa.gov

Online shopping for commercial items to support government interests.

Library of Congress

http://www.loc.gov

Research service; Congress at Work; Copyright Office; FAQs.

National Technical Information Service (NTIS)

http://www.ntis.gov/

Online service for purchasing technical reports, computer products, videotapes, audio-cassettes, and more!

Small Business Administration (SBA)

http://www.SBAonline.SBA.gov

communications network for small businesses.

U.S. Coast Guard

http://www.uscg.mil

News and current events; services; points of contact; FAQs.

U.S. Department of Transportation MARITIME Administration

http://www.marad.dot.gov/

Provides information and guidance on the requirements for shipping cargo on U.S. flag vessels.

■ Topical Listings

Commerce Business Daily

http://www.govcon.com/

Access to current and back issues with search capabilities; business opportunities; interactive yellow pages.

DoD Specifications and Standards Home Page

http://www.dsp.dla.mil

All about DoD standardization; key points of Contact; FAQs; Military Specifications and Standards Reform; newsletters; training; nongovernment standards; links to related sites.

Earned Value Management

http://www.acq.osd.mil/pm

Implementation of Earned Value Management; latest policy changes; standards; international developments; active noteboard.

Fedworld Information

http://www.fedworld.gov

Comprehensive central acces point for searching, locating, ordering,and acquiring government and business information.

GSA Federal Supply Service

http://www.gsa.gov

The No. 1 resource for the latest services and products industry has to offer.

Joint Advanced distributed Simulation (JADS) Joint Test Force

http://www.jads.abq.com

JADS is a one-stop shop for complete information on distributed simulation and its applicability to test and evaluation and acquisition.

MANPRINT (Manpower and personnel Integration)
http://www.MANPRINT.army.mil
points of contact for program managers; relevant regulations; policy letters from the Army Acquisition Executive; as well as briefings on the MANPRINT program.

Acquisition community Connection (ACC)
http://www.pmcop.dau.mil
Includes risk management, contracting, system engineering, total ownership cost (TOC) policies, procedures, tools, references, publications, Web links, and lessons learned.

■ Industry and Professional Organizations

Association of Old Crows (AOC)
http://www.crows.org
Association news; conventions, conferences and courses; Journal of Electronic Defese magazine.

DAU Alumni Association
http://www.dauaa.org
Acquisition tools and resurces; government and related links; career opportunities; member forums.

Computer Assisted Technology Transfer (CATT) Program
http://catt.bus.okstate.edu/asset/index.html
Collaborative effort between government, industry, and academia. Learn about CATT and how to participate.

Electronic Industries alliance (EIA)
http://www.eia.org
Government Relations Department; includes links to issue councils; market research assistance.

International society of Logistics
http://www.sole.org/

Online desk references that link to logistics problem-solving advice; Certified Professional Logistician certification.

National Contrat Management Association (NCMA)

http://www.ncmahq.org

"What's New in Contracting?"; educational products catalog; career center.

National defense Industrial Association (NDIA)

http://www.ndia.org

Association news; events; government policy; National Defense magazine.

Project Management Institue

http://www.pmi.org

Program management publications, information resources, prfessional practices, and career certification.

Software Program Managers Network

http://www.spmn.com

Site supports project managers, software practitioners, and government contractors. Contains publications on highly effective software development best practices.

저자

김종하 金鍾夏, PH.D.

| 이력 및 경력 |

- 부산 동래출생(1964)
- 영국 브리스톨대 정책대학원 졸업(1997), 국방획득·방위산업 전공
  (School for Policy Studies, University of Bristol, U.K.)
- 한남대 국방전략연구소 부소장
- 고려대 북한학연구소 연구교수
- 한국군사학회 상임이사, 한국방위산업학회 상임이사
- 국방과학연구소(ADD) 연구개발 자문위원

- 국무총리실 국방획득제도개선단 정책자문위원(2004)
- 한국방위산업학회 운영이사(2003-2004)
- 한국군사학회 학술지「군사논단」편집위원(1998-2003)
- 「국방일보」객원논설위원(2005)
- 숙명여대·국민대·경희대·한양대·배재대·덕성여대 강의(1997-2004)

| 주요 저서 |
- 『무기획득 의사결정』(2000)
- 『무기획득 의사결정』개정증보판(2001)
- 『Know-Why』(2001)
- 『미래전쟁과 국방획득』(2002)

| 주요 논문 |
- 「KF-16 추가도입 논쟁」(2000)
- 「군사력의 현대화를 위한 획득전략」(2001)
- 「미래전쟁을 둘러싼 논쟁」(2001)
- 「방위산업 구조혁신」(2002)
- 「무기체계 획득전략, 과정 그리고 조직구조의 개혁」(2003)
- 「현대전을 통한 무기체계의 기술발전 추세분석」(2004)
- 「미래 전장환경에 대비한 국방조직 발전방향」(2005) 외 다수